国家"十二五"重点图书出版规划项目
国家科技部: 2014年全国优秀科普作品

新能源在召唤丛书

XINNENGYUAN ZAIZHAOHUAN CONGSHU
HUASHUO XINNENGYUAN

话说新能源

翁史烈 主编 施鹤群 著

U0363060

广西教育出版社

出版说明

　　科普的要素是培育，既是科学知识、科学技能的培育，更是科学方法、科学精神、科学思想的培育。优秀科普图书的创作、传播和阅读，对提高公众特别是青少年的素质意义重大，对国家、民族的和谐发展影响深远。把科学普及公众，让技术走进大众，既是社会的需要，更是出版者的责任。我社成立 30 多年来，在教育界、科技界特别是科普界的支持下，坚持不懈地探索一条面向公众特别是面向青少年的切实而有效的科普之路，逐步形成了"一条主线"和"四个为主"的优秀科普图书策划组织、编辑出版的特色。"一条主线"就是：以普及科学技术知识，弘扬科学人文精神，传播科学思想方法，倡导科学文明生活为主线。"四个为主"就是：一、内容上要新旧结合，以新为主；二、形式上要图文并茂，以文为主；三、论述上要利弊兼述，以利为主；四、文字上要深入浅出，以浅为主。

　　《新能源在召唤丛书》是继《海洋在召唤丛书》《太空在召唤丛书》之后，我社策划组织、编辑出版的第三套关于高科技的科普丛书。《海洋在召唤丛书》由中国科学院王颖院士担任主编，以南京大学海洋科学研究中心为依托，该中心的专家学者为主要作者；《太空在召唤丛书》由中国科学院庄逢甘院士担任主编，以中国航天科技集团旗下的《航天》杂志社为依托，该社的科普作家为主要作者。这套《新能源在召唤丛书》则由中国工程院翁史烈院士担任主编，以上海市科协旗下的老科技工作者协会为依托，该协会的会员为主要作者。前两套丛书出版后，都收到了社会效益和经济效益俱佳的效果。《海洋在召唤丛书》销售了 5 千多套，被共青团中央列入"中国青少年21 世纪读书计划新书推荐"书目；《太空在召唤丛书》销售了 1 万多套，获得了科技部、新闻出版总署（现国家新闻出版广电总局）

颁发的全国优秀科技图书奖，并被新闻出版总署（现国家新闻出版广电总局）列为"向全国青少年推荐的百种优秀图书"之一。这套《新能源在召唤丛书》出版 3 年多来不仅销售了 3 万多套，而且显现了多媒体、多语种的融合，社会效益非常显著：

——2013 年被增补为国家"十二五"重点图书出版规划项目；

——2014 年被科技部评为全国优秀科普作品；

——2015 年被广西新闻出版广电局推荐为 20 种优秀桂版图书之一；

——2016 年其"青少年新能源科普教育复合出版物"被列为国家"十三五"重点图书出版规划项目，摘要制作的《水能概述》被科技部、中国科学院评为全国优秀科普微视频；其中 4 卷被广西新闻出版广电局列入广西农家书屋推荐书目；

——2017 年其中 2 卷被国家新闻出版广电总局列入全国农家书屋推荐书目，4 卷被广西新闻出版广电局列入广西农家书屋推荐书目，更有 7 卷通过版权贸易翻译成越南语在越南出版。

我们知道，新能源是建立现代文明社会的重要物资基础；我们更知道，一代又一代高素质的青少年，是人类社会永续发展最重要的人力资源，是取之不尽、用之不竭的"新能源"。我们希望，这套丛书能够成为新能源时代的标志性科普读物；我们更希望，这套丛书能够为培育科学地开发、利用新能源的新一代建设者提供正能量。

广西教育出版社

2013 年 12 月

2017 年 12 月修订

主编寄语

　　建设创新型国家是中国现代化事业的重要目标，要实现这个宏伟目标，大力发展战略性新兴产业，努力提高公众的科学素质，坚持做好科学普及工作，是一个重要的任务。为快速发展低碳经济，加强环境保护，因地制宜，积极开发利用各种新能源，走向世界的前列，让青少年了解新能源科技知识和产业状况，是完全必要的。

　　为此，广西教育出版社和上海市老科技工作者协会合作，组织出版一套面向青少年的《新能源在召唤丛书》，是及时的、可贵的。两地相距两千多公里，打破了地域、时空的限制，在网络上联络而建立合作关系，本身就是依靠信息科技、发展科普文化的佳话。

　　上海市老科技工作者协会成立于1984年，下设十多个专业协会与各工作委员会，现有会员一万余人，半数以上具有高级职称，拥有许多科技领域的专家。协会成立近30年来开展了科学普及方面的许多工作，不仅与出版社合作，组织出版了大量的科普或专业著作，而且与各省（区、市）建立了广泛的联系，组织科普讲师团成员应邀到当地讲课。此次与广西教育出版社合作，出版《新能源在召唤丛书》，每一册都是由相关专家精心撰写的，内容新颖，图文并茂，不仅介绍了各种新能源，而且指出了在新能源开发、利用中所存在的各种问题。向青少年普及新能源知识，又多了一套优秀的科普书籍。

　　相信这套丛书的出版，是今后长期合作的开始。感谢上海老科

协的专家付出的辛勤劳动，感谢广西教育出版社的诚恳、信赖。祝
愿上海老科协专家们在科普写作中快乐而为、主动而为，撰写出更
多的优秀科普著作。

翁史烈

2013 年 11 月

主编简介

翁史烈：中国工程院院士。1952 年毕业于上海交通大学。1962 年
毕业于苏联列宁格勒造船学院，获科学技术副博士学位。历任上海交通
大学动力机械工程系副主任、主任，上海交通大学副校长、校长。曾任
国务院学位委员会委员，教育部科学技术委员会主任，中国动力工程学
会理事长，中国能源研究会常务理事，中欧国际工商学院董事长，上海
市科学技术协会主席，上海工程热物理学会理事长，上海能源研究会副
理事长、理事长，上海市院士咨询与学术活动中心主任。

写在前面

龙年的第一天，我和朋友一起到世界地质公园——河南云台山旅游。我们被景区前门广场上竖立的一根根旗杆样的东西所吸引，它们的顶部装着一个"小风扇"，有3片叶片，有的在转，有的不转，中部都装着一块倾斜的长方形平板。

朋友好奇，问景区工作人员："广场上为什么立着这么多旗杆?"景区工作人员笑笑说："这不是旗杆，是新能源发电装置，顶部小风扇利用风力发电，中部装着的是太阳能板。有太阳时，太阳能发电；没有太阳时，风力发电。它们产生的电能，可满足景区用电需要。电能多了，可以储存，太多了，就让小风扇停转，风力发电装置就停止工作了。"

看，新能源就这样走近我们，走进了我们的生活！

什么是新能源?

新能源发电装置

所谓新能源，其实就是指常规能源之外的各种形式的能源，是指刚开始开发利用或正在积极研究、有待推广的可再生能源，如核能、太阳能、风能、生物质能、地热能、海洋能、氢能等非

常规能源。

新能源的各种形式都直接或者间接地来自太阳或地球内部深处所产生的自然能源。相对于煤炭、石油等传统矿物燃料能源，新能源普遍具有污染少、储量大的特点，对于解决当今世界严重的矿物燃料资源枯竭和环境污染问题具有重要的意义。此外，由于新能源分布均匀，资源丰富，对于解决由能源引发的战争和纠纷也有着重要的意义。

海洋被人们称为"蓝色煤田"，那是因为海洋里蕴藏着巨大的能量资源，海面上汹涌的波浪，日复一日的潮汐，奔腾不息的海流，蕴藏着无尽的海洋动力资源；海水还储藏着热能，海水里含有盐类物质、放射性物质，海洋里生长有许多海洋生物，为人类提供了新的能源。海洋这块"蓝色煤田"是地球上未经充分开发和利用的能源仓库。

科学技术的进步和可持续发展观念的树立，使得过去曾被冷落的人体能又重新被人们所开发、应用。除了人体热能、机械能，人体重力能、生物能也可以被利用，成为新能源家族的一员。要是把人体能转换成电能，就可以输入蓄电池，也可以直接利用。这样，人体能的应用范围将更加广泛。

煤炭过去是、现在依然是人类使用的一种重要常规能源，随着现代科学技术的发展，产生了洁净煤技术与煤气化技术、无人采煤技术，还催生了液态煤——水煤浆和人造煤——秸秆煤的出现，使得煤炭这一矿物燃料能源大变样，真可谓旧貌换新颜。

除了石油、煤炭、水能、核能等四种用得最多的能源，还有

"第五种能源"，它就是节能。节能范围广泛，有生产节能技术、建筑节能技术，还有节能照明和废物的循环利用等。节能人人有责，与千家万户有关。

电力工业的发展，大容量火电、水电、核电和新能源电站的出现，电网的容量愈联愈大。为了更有效地进行管理和指挥，减少能源消耗，出现了智能电网。建设强大的智能电网作为能源配置的绿色平台，能够推动清洁能源向大规模、集约化的方向发展，推动煤炭资源的清洁有效利用，推动电力资源的节约和高效利用，以应对生态环境和气候变化的双重挑战。

新能源实际是一种替代能源，开发新能源需要创新，要用创新的思路、创新的方法和技术去开发新能源。所以，开发新能源有时需要异想天开。微波能作为一种新能源给人以惊喜，为人类开辟了新能源的新领域。雷电中蕴藏有巨大的能量，要是把雷电能利用起来，它的经济效益将是十分可观的。太空中蕴藏有能源，建设太空电站，利用航天飞缆发电，从太空中收集反物质，成了开发太空新能源的设想。地震时，会释放出巨大的地震能，利用地震能来阻止地震的发生或减轻地震的强度，这是个不错的设想。曾经被人们利用过，已淡出人们视野的重力能，如今又重新进入人们的视野，出现了许多有关应用重力能的新发明、新设想。

开发新能源，可以减少煤炭、石油等高碳能源消耗，减少温室气体排放，使得经济发展与生态环境保护达到双赢。科学的低碳生活也可以减少能源消耗，倡导科学的低碳生活方式，可以促

进低碳技术、低碳经济的发展，使人类居住的城市成为低碳城市，使世界成为低碳世界，使人类社会成为和谐的低碳社会。可见，倡导科学的低碳生活意义非凡。

本书在编写过程中得到上海市老年科技工作者协会的领导和朋友的支持，还要感谢我的朋友张金星、李翀、张钊溢为本书绘制、加工了许多插图。

施鹤群

2013 年 7 月

目录
Contents

目录
Contents

目录
Contents

目录
Contents

开头的话

能源是人类生存和发展的物质基础，是社会发展的动力。

纵观人类文明发展史，可以看出，人类文明的发展与能源的开发、应用息息相关。从某种意义上说，人类利用能源的历史就是人类文明发展史的缩影。

人类最早开发、应用的能源是人体能和自然能。原始人消耗自己的体能采集野外果实、上山打猎、下河捕鱼；燃烧柴草树枝来取暖、煮食，利用柴草燃烧产生的热能、光能来驱赶野兽、照明。这是人类最早使用能源的历史。在人类早期利用能源的历史中，火的使用有特别重要的意义：使人类脱离了野蛮，告别了蛮荒时代，揭开了人类文明的历史。

火的利用使人类脱离了蛮荒

人类利用能源的历史大致可以分为以下几个时期：柴薪时期、煤炭时期、石油和天然气时期、可再生能源时期。

柴薪时期，人类使用的主要能源是自然界生长的柴草树木。这是利用柴草树木燃烧产生的热能，维持人类生存、生活最基本的需要。这一时期能源利用效率很低，是人类利用能源历史的初始发展阶段，能源所提供的能量热值是很低的，它只能适应低下的原始生产力发展的要求，满足人类生产、生活最基本的需要。这是一个漫长的能源历史发展阶段。在几万年的演变发展过程中，薪柴和木炭燃烧产生的热能一直是人类用来做饭、取暖的主要能源。

煤炭时期，人类使用的主要能源是埋藏于地下的煤炭。2000多年前中国人就发现并学会使用煤炭。可以这样说，世界上最早懂得烧煤的国家是中国。《汉书》中记载，豫章郡（今江西省）出产一种黑色岩石可作燃料，这表明中国人在西汉以前就已经会用煤作燃料了。后来，燃煤技术被马可·波罗等西方传教士和商人传入欧洲。

煤矿用上蒸汽机

但是，大规模利用煤炭，把煤炭作为人类使用的主要能源还是

18世纪以后的事情。煤炭在西方国家逐渐代替木柴。纽科门在1712年发明的燃煤蒸汽机开始了以蒸汽动力来代替古老的人工体力、风力和水力的新时代，为人类的工业文明掀开了序幕。煤炭作为人类使用的主要能源，最辉煌的时期是1781年瓦特发明改良蒸汽机以后。蒸汽机广泛地应用在船舶、车辆等交通工具上，还作为一种动力应用在各种工作机械中。煤炭作为蒸汽机的动力能源，直接推动了第一次产业革命及整个人类文明的发展。在第一次产业革命及其后的经济发展中，冶金工业、机械制造、交通运输、化学工业、火力发电的发展，使煤炭的需求量与日俱增，直到20世纪50年代，在世界能源消费中煤炭仍占首位。

石油和天然气时期，人类使用的主要能源是石油、天然气等矿物燃料。最早的油井是4世纪或更早年代出现的。古代中国人使用固定在竹竿一端的钻头钻井，其深度可达约1千米。中国古人还通过焚烧石油来蒸发盐卤，制取食盐。"石油"这一名词也首次在中国古籍《梦溪笔谈》中出现并沿用至今。

古代波斯人也很早开始使用石油，8世纪巴格达的街道上铺有从当地附近的天然露天油矿获得的沥青。9世纪时巴库的油田就用来生产轻石油。13世纪时，马可·波罗曾描述过巴库的油田。但是，现代石油历史却始于1852年，波兰人发明了使用石油提取煤油的方法。次年，波兰南部开发了第一座现代的油矿。1861年在巴库建立了世界上第一座炼油厂，当时巴库出产世界上90%的石油。

19世纪时，提炼的石油主要用来作为油灯的燃料。那时，石油和天然气还不是当时人类使用的主要能源。20世纪初，内燃机的发明和应用，特别是内燃机广泛地应用在交通工具和各种工作机械中，石油作为最重要的内燃机燃料，使用情况发生了骤变，成为人类使用的主要能源。钻井采油成为人们追逐利润的兴奋点。尤其是在美国得克萨斯州、俄克拉荷马州和加利福尼亚州，油田的发现，导致"淘金热"般的开采石油热出现。

石油的大规模生产和使用不仅使得工业革命以更大的规模在全球

推广，新的技术、新的发明创造也层出不穷。石油和天然气的开发和应用，改变了世界的生产模式、交通模式，也改变了人们的生活方式。石油和天然气就这样成为人类使用的主要能源。到20世纪60年代初，在世界能源消耗总量中，石油和天然气的消耗量所占的比例，开始超过煤炭而居于首位，标志着能源的发展进入了石油、天然气时期。石油和天然气作为能源世界龙头老大的地位至今还没有被动摇。

石油被大规模开采

在人类利用能源的历史上，最具革命性的变化是电力的发明。法拉第发明的电力使人类在能源使用上开始了一场大革命：所有的能源，无论是柴薪、煤炭，还是石油或天然气，及人类历史上一直在使用的风力、水力等自然能都可以转化为电力，而电力可以通过最简便的方式输送到工厂，传递到家庭中。电力使高楼大厦的建造和使用变得现实，电力使交通工具变得便捷、清洁，电力使工厂实现自动化，更为当代电子、通信、计算机、互联网等技术提供了动力基础，带来了通信技术的发展，使得地球变小，掀起了经济贸易全球化的巨大浪潮。

能源就这样改变了世界，改变了人类的命运。能源应用技术的发明和普及决定着人类社会的生产方式、消费模式、交通模式、定居模式和组织形式。能源的大规模使用为人类享受高水平的物质生活提供了重要基础。

现代人工作、学习、生活都离不开能源，人们物质和文化生活水平的提高，社会的进步和发展都离不开能源的应用。在人类文明的启蒙阶段，广泛应用的是自然能。人类文明发展的进程中，特别是工业革命带来的生产科学技术进步，使煤炭、石油、天然气等矿物燃料得到开采和应用，利用矿物燃料燃烧得到的热能，通过能量转化装置转化成机械能、电能，为人类所应用。这样，自然能逐渐被冷落。

随着人类社会工业化进程的加快，矿物燃料的开采技术越来越先进，规模越来越大。工农业生产的发展和人们生活水平的提高对能源的需求越来越大，人们为满足能源需求而大规模开采矿物燃料，而矿物燃料是一种不可再生能源，开采一点少一点，矿物燃料枯竭问题迟早会出现，世界上能源危机就是这样产生的。

大规模使用矿物燃料能源的另一个问题是煤炭、石油、天然气等矿物燃料燃烧时会产生二氧化碳等温室气体。温室气体会使全球气候变暖，会污染环境，会破坏人类赖以生存、发展的生态环境。为此，人们的注意力开始转移到开发、利用可再生能源，即新能源上，人类利用能源的历史也就进入了新时期——可再生能源时期。

可再生能源时期，人类使用的主要能源是可再生能源。新能源是指常规能源之外的各种能源形式，指刚开始开发利用或正在积极研究、有待推广的可再生能源，它的各种形式都是直接或者间接地来自太阳或地球内部所产生的热能，包括太阳能、风能、生物质能、地热能、水能和海洋能以及由可再生能源衍生出来的生物燃料和氢能所产生的能量。我国古代很早就会应用可再生能源：利用风车磨粉，利用高山流水带动水车舂米磨粉，利用水流运输伐下的原木，利用阳光烘干食品，只是规模比较小。

在可再生能源时期，风能、水能、太阳能、地热能和生物质能对能源供应的贡献大幅度提高。水力发电在世界各地如雨后春笋般迅速发展。现在各国都在太阳能利用上大做文章。从 2006 年 1 月 1 日起，《中华人民共和国可再生能源法》正式实施，国家通过该法引导、激励国内外各类经济主体参与开发利用可再生能源，促进可再生能源长期发展。

有待开发、应用的新能源大致可以分为四类：第一类是与太阳有关的能源。太阳能除了可直接利用它的光和热，它还是地球上多种能源的主要源泉。第二类是与地球内部的热能有关的能源，如地热能。第三类是与原子核反应有关的能源，这是某些物质在发生原子核反应时释放出的能量。原子核反应主要有裂变反应和聚变反应。第四类是与地球—月球—太阳相互联系有关的自然能源，如地球、月亮、太阳之间有规律的运动产生的引力使海水涨落而形成的潮汐能。

风电基地

人类历史上，从石器时代到铜器时代，再到铁器时代、钢铁时代，直到当代文明的发展，始终伴随着能源的发展和进步。可以说，能源进步是人类文明发展的催化剂，过去是这样，未来也是这样。新能源的开发、应用将推动人类文明发展的历史巨轮，让人类社会进入高度文明的时代。

第一章
无垠的"蓝色煤田"

1

"我爱这蓝色的海洋，祖国的海疆有丰富的宝藏"，歌曲唱出了海军战士的心声，唱出了人们对海洋的向往和热爱。

海洋是蓝色的，蓝色的海洋面积占地球表面积的71%，是陆地面积的两倍多，怪不得有人称地球为"水球"。

人们对海洋向往和热爱的原因之一是海洋里有丰富的宝藏，其中一宝便是能量。海洋里蕴藏着巨大的能量资源，是地球上未充分开发和利用的能源仓库。

海洋里储藏的能量资源种类很多，海面上有汹涌的波浪，日复一日的潮汐，奔腾不息的海流，都蕴藏着无尽的海洋动力资源；海水具有一定的温度，储藏着可观的热能。此外，海水里溶解有盐类物质、放射性物质，海洋里生长有许多海洋生物，都为人类提供了新的能源。所以，把海洋称为"蓝色煤田"是非常恰当的。

在海洋这片"蓝色煤田"中的能量资源，不仅种类多，而且蕴藏量巨大，是地球上取之不尽、用之不竭的能源仓库。海洋是人类开发、利用新能源的一个重要场所。

海洋蕴藏着无尽的能量

第一节　波力发电的秘密

一　　"海上力士"

海洋上最壮观的是海浪。在水连天、天连水的海面上，浪涛汹涌。要是在狂风暴雨的日子，巨浪滚滚，像成千上万条凶残的鲨鱼龇咧着雪白的牙齿，相互追逐着、咆哮着。

咆哮着的波浪

海洋上的波浪是"海上力士"，力大无比，永不疲倦。它能把海上航行的船舶像抛彩球一样抛到空中，它是许多海上灾难的"肇事者"。

海洋上的波浪为什么会成为"海上力士"呢？

因为波浪里蕴藏着巨大的能量，"海上力士"可以肇事，给人类制造麻烦；"海上力士"也可以被利用，用来发电，成为一种新能源。

波浪里的能量蕴藏在什么地方？

海水是一种液体，水分子受到外力作用，不断运动。水分子运动的动能是风能传给它的，水分子向前运动，位置逐渐升高，水分子运动的动能变成了势能。由于水分子受到重力作用，而且水分子之间互相吸引，使得水分子运动受到限制，不能升得太高，也不能跑得太远。由于惯性作用，水分子不可能保持在原来的位置上，水分子冲到了最高点，就会向下滑落，因此形成波浪，一起一伏地滚滚向前运动，波浪的能量也在向前传递。波浪是一种运动形式的传播，是一种能量传递的过程。

波浪里蕴藏的能量称为波力能，其大小与波浪高度和周期有关。每一米海岸线上波力能蕴藏量大约为波浪高度的平方和波浪周期的乘积。要是波浪高为5米，波浪周期为5秒，那么，每米海岸线上的波力能为125千瓦。

波浪高度和周期又与地形和风速有关。风速越大，每米海岸线上蕴藏的波力能也越大。我国有漫长的海岸线，蕴藏着巨大的波力能，可惜的是千百年来波浪里蕴藏的波力能未被利用，"海上力士"白白地使海水相互摩擦，滚滚浪涛变成白色浪花，无谓地冲击堤岸，拍打海滩，白白耗尽自己的能量。

你知道吗

波力发电

波力发电是一种开发海洋新能源技术，其原理是将波力转换为压缩空气来驱动空气涡轮发电机发电，使波力能转换为电能。波力发电得到的电能是一种清洁的可再生能源，取之不尽、用之不竭，发展前景广阔。

二 航标灯的秘密

在海上夜航的船舶要靠灯浮标来保证航行安全。灯浮标是用锚和锚链固定在海洋中的。最常用的灯浮标采用蓄电池或干电池储存电力作为能源。夜晚，灯浮标发出闪光，或者间歇发光，为夜航的船舶指引航道。

灯浮标上的蓄电池电能用完了，需要更换。更换灯浮标上的蓄电池很麻烦，费时又费力。

能不能不用蓄电池？能不能让蓄电池方便地进行电能补充呢？

灯浮标

人们自然地想到利用海上波浪，即利用波力发电来点亮灯浮标。

早在 1898 年，法国人从打气筒给自行车打气中受到启发，设计了一个带着圆柱筒的浮体，利用海浪上下运动压缩圆柱筒内的空气，去吹一只哨笛。这就是海上警浮标，又称雾号。

这是人们直接利用波力能的初级形式。那时，在法国沿岸和世界各海区，包括中国有些地方都陆续安装了这种雾号。

海浪产生的压缩空气可以吹响哨笛，为什么不可以驱动涡轮发电机发电呢？

1910 年，法国人在海边的悬崖处，设置了一座固定垂直管道式的海浪发电装置，并获得了 1 千瓦的电力。这是用波力能来发电的最早尝试。此后，在世界各地出现了许多不同结构、不同形式的波力发电装置。

1964年，日本人发明了第一盏用海浪发电的航标灯。它是利用波力来发电的，虽然它的功率不大，只有60瓦，但能供一盏航标灯使用。这盏波力发电航标灯就像一颗耀眼的明珠，在茫茫的大海里为夜航的船只指引着航向。

波力发电航标灯的发电原理是利用波浪的上下起伏，推动浮体里的活塞在漂浮的气筒内做上下垂直运动。活塞与浮体的相对运动使漂浮的气筒中产生压缩空气。压缩空气经管道涌出，使得装在航标灯上的涡轮机转动，带动发电机发出电力，供航标灯使用。

航标灯使用的波力发电装置发出的电力有限，只有6～7瓦，只能供一盏航标灯使用，只能用来导航。

三　波力发电船

自从第一个波力发电装置问世以来，世界各地出现了多种多样的波力发电装置。它们中有的利用波浪的上下垂直运动来发电，有的利用波浪的横向运动来发电，还有的利用由波浪产生的水中压力变化来发电。

1974年，日本科学家建造了波力发电船，那是日本海洋科学技术中心研制的"海明"号波力发电船。"海明"号是世界上第一艘波力发电船，船长80米，宽20米，它停在海洋上像一艘油船，有着宽大的船体。

"海明"号波力发电船

波力发电船怎样利用波力来发电呢？

原来，在这艘波力发电船上，有4个浮力室和22个空气室，每2个空气室一组，与一台发电机组相连。各自的空气室从底部进入海水，像是一个漂浮在海面上的倒置打气筒。波力发电船上的空气室里设置有活塞，随着波浪的起伏可以上下运动，波浪的上下往复运动使波浪的动能转化成压缩空气动力。压缩空气从喷嘴里喷出，推动涡轮机叶片，从而带动发电机发电。这艘波力发电船最大的输出功率达到150千瓦。

1979年，"海明"号波力发电船纳入国际能源机构的共同开发计划，由日本、英国、美国、加拿大、爱尔兰5国共同参与。这样，"海明"号波力发电船总装机容量提高到2000千瓦，成为当时世界上最大的海上波力发电站。

1985年，日本又在海岸边建造了一座装机容量为500千瓦的波力电站和一座装机容量为350千瓦的楔型波道电站。

同年，挪威在一个海岛建立起了一座装机容量为500千瓦的波力发电站和一座装机容量为350千瓦的楔型波道电站。

1990年12月，中国第一座海浪发电站发电试验成功，随后又建造了一座装机容量为20千瓦的波力发电站。

1991年，英国在苏格兰的一个岛上建成一座波浪能发电站，使用一台气动涡轮机来发电。这座发电站的发电量为75千瓦。

波力发电站就这样在世界各地出现和发展。

四 从"浮鸭"到"海面腊肠"

自从第一个波力发电装置问世以来，世界各地出现了多种多样的波力发电站。波力电站种类很多，不同种类的波力电站构造也不同。

英国科技人员受到鸭子在水面上戏水的启发，研制了一种鸭式波力发电装置，也叫凸轮式发电装置。这种发电装置像一只浮在水面上的鸭子，它的一头是圆形，另一头是尖尖的凸轮，它的胸脯对着海浪传播的方向。这种鸭式波力发电装置可以随着海浪的波动，像不倒翁一样不停地来回摆动，利用摆动的动能，带动工作泵推动发电机发电。它可以使波浪能量的90%转变成动力，机械效率特别高。

有人制造了利用波力能发电的筏子。发电筏子是由一系列串联的筏子组成，每个筏子长10米，可相对另一个筏子上下转动，整个筏子漂浮在海面上。由于发电筏子可以随着波浪运动，因此又叫波动筏。在发电的两个筏子之间装有液压泵和液压马达，波力的动能使液压泵工作，带动液压马达，使发电机发电。

英国研制了一种类似腊肠式波力发电站，它的主要装置气囊像一串漂浮在海面上的腊肠，又似一条水蛇。这些腊肠、水蛇似的气囊漂浮在海面上，在气囊上设置有进气阀、放气阀。当波浪经过气囊时，气囊内的空气进入高压管；当波浪消去时，气

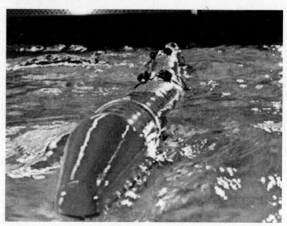

腊肠式波力电站

囊的压力降低，空气由低压管进入气囊。空气流动产生了气流，气流经过加速，成为高速气流，使涡轮机转动，带动发电机发电。

五　千奇百怪的设想

能不能直接利用海浪的冲击力来发电呢？

有人设想在距海岸 1 千米、水深 10 米左右的海上筑起两道墙。这种面向大海建造的高墙叫集波墙，从高空往下看时，像个"V"字形的喇叭。这个集波墙喇叭口外海面波浪不高，但当它涌向集波墙时，由于喇叭里的断面越来越小，使波浪越挤越高，到了喇叭口的尽头，一下子就会升得很高，小浪变成了巨浪。

在集波墙的尽头，安装着水泵制动杆，靠高大的波浪推动制动杆，把海水提高到高处的水槽里，贮存起来。有了高处的水，就可以方便地用水力来发电了，集波墙就成了波力发电站。这种波力发电站发出的电力不会受到波浪大小的影响，发电能力稳定，发电设备不需经受大风大浪的考验。

海洋里有一种称为环礁的礁石，它在海面上显现出来的是一个圆

圈，像沉在海里的一个大木盆，在海面上只露出木盆的盆沿儿。当海浪冲击环礁时，海浪并不直接拍向环礁的中心，而是绕着环礁沿着螺旋形的路线涌到环礁的中心，并在中心部位形成涡流，像是用木棒搅动似的。这种海洋涡流里蕴藏着巨大的能源。

岸式波力发电站

美国科技人员受环礁的启发，提出了建造环礁式海浪发电站的设想。

设想的环礁式海浪发电站形状奇特，海面上只看到一个圈，直径约有 10 米，水下部分比海面上看到的大多了。它像一个巨大的圆形屋顶，又像是一个特别的瓷碗扣在水里，直径达到 76 米。其实，它是一个起到导流作用的装置，可以把海面上的波浪沿着螺旋形的路线导向中心。在环礁式海浪发电站的底部，立着一根 20 米高的空心圆筒，圆筒里装着水轮机。它在筒内涡流的推动下转动，再带动安装在顶部的发电机发出电来。

还有人设想在海边建立固定式波浪发电站，具体做法是用火焰喷射的方法在海岸岩石上打洞，作为空气活塞室。也可以利用海边天然洞穴进行扩大，增加空气活塞室的面积。在空气活塞室里安装大功率的波浪发电装置，建立固定式波浪发电站。

关于波力电站的设想很多，但是都不成熟，离实际应用还有一定距离，它们存在共同的问题：

一是波力发电站的选址。哪里可以建立波力电站？哪里是建波力发电站最合适的位置？

二是波力发电站的结构和形式。其发电构件的结构强度能否承受巨大海浪的冲击？其材料能否耐腐蚀、耐疲劳？

三是如何使发电均匀、成本降低？

随着高科技的发展，各种波力发电站的设想会层出不穷，波力发电站也将会从设想变成现实，波力发电站必将大放异彩！

你知道吗

波力发电站

波力发电站是一种利用波力来发电的装置和设施，它是一种可以获得清洁、可再生能源的电站。

第二节　形形色色的潮汐发电

"潮来了！潮来了！"随着人群的喊叫声，巨浪一个个涌来，海水奔腾起来。耳边传来轰隆隆的巨响，响声越来越大，犹如擂起万面战鼓，震耳欲聋。雾蒙蒙的江面上出现的一条白线迅速西移，形成了一堵高大的水墙，像万马奔腾而来。这就是在浙江盐官观看到的钱塘江一线潮情景。

千百年来，钱塘江以其奇特卓绝的江潮，不知倾倒了多少游人看客。

"八月十八潮，壮观天下无。"这是北宋大诗人苏东坡咏赞钱塘秋潮的千古名句，也是对钱塘江潮最好的写照。钱塘江潮是我国著名的自然奇观，是发生在浙江省钱塘江流域的水面周期性涨落的潮汐现象。

一 潮汐和潮汐的类型

潮汐，是指水面周期性涨落的水文现象。有人把潮汐称为"海洋的呼吸"，这是十分贴切的。

海洋为什么能按时"呼吸"，准时地涨潮落潮呢？

原来，地球与月亮、太阳之间存在着万有引力。由于月亮离地球近，月亮与地球之间的引力要比太阳与地球之间的引力大2倍左右。同时，地球绕着太阳转动，月亮也绕着地球转动，旋转运动会产生离心力。各个地方海洋里的海水质点同时受到天体引力作用和旋转运动产生的离心力作用，其合力便是引潮力。

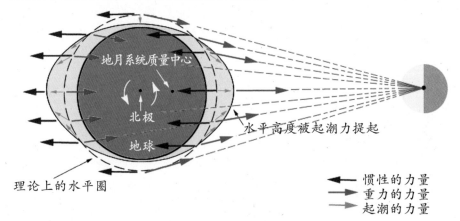

地球潮汐示意图

潮汐的成因主要是月亮与太阳的引潮力，其中，以月亮的引潮力为主。潮汐是由于受月亮和太阳这两个天体的引潮力作用，海洋出现海平面周期性变化的自然现象，海平面每昼夜有两次涨落。

潮汐和波浪不同，它是一种海水运动。潮汐引起的海水运动有两种：一种是海水垂直升降运动，即潮汐涨落；另一种是海水水平运动，即潮流，它是伴随潮汐涨落而产生的。潮汐和潮流是一对孪生兄弟，都有一定的规律。

由于海岸边地形、地理位置不同，气象情况不一样，潮汐的情况和涨落周期也不同，潮汐有以下三种类型：

半日潮型，一天出现两次高潮和两次低潮，前一次高潮和低潮的潮差与后一次高潮和低潮的潮差大致相同，涨潮过程和落潮过程的时间也几乎相等，大约6小时。我国渤海、东海、黄海的多数地点为半日潮型，那里出现的潮汐就是半日潮型潮汐。

全日潮型，一天内只有一次高潮和一次低潮。如南海的北部湾是世界上典型的全日潮海区，那里出现的潮汐就是全日潮型潮汐。

混合潮型，一天内出现两次高潮和两次低潮，但两次高潮和低潮的潮差相差较大，涨潮过程和落潮过程的时间也不相等。我国南海多数地点属混合潮型，那里出现的潮汐就是混合潮型潮汐。

不论哪种类型的潮汐，在一个农历月里总要发生两次大潮和两次小潮。在海湾和江河入海处，由于地理位置和地形因素，潮差会很大，杭州湾钱塘江潮潮差可达到9米左右，是世界上著名的大潮。

你知道吗

潮汐

潮汐是海水一种周期性的涨落现象。到了一定时间，海水迅猛上涨，达到高潮；过后，上涨的海水又自行退去，出现低潮。如此循环反复，永不停息。潮汐与人类的关系非常密切。海洋工程、航运交通、军事活动、渔业、制盐、海上作业、近海环境研究与污染治理等，都与潮汐现象密切相关，尤其是永不休止的海面垂直涨落运动，蕴藏着极为巨大的能量，开发利用潮汐能是海洋开发的重要内容。

二 潮汐能及其利用

潮汐引起的海水运动所具有的能量就是潮汐能，潮汐能是海洋中蕴藏量巨大的自然能源。潮汐能在海岸边和一些浅而狭窄的海面上，蕴藏量很大。中国海岸线长达 1.8 万千米，潮汐能资源十分丰富。

有人估算，我国黄海海域潮汐能蕴藏量有 5500 万千瓦，杭州湾潮汐能蕴藏量有 770 万千瓦。世界上有许多海湾、海峡的潮汐能蕴藏量巨大。据一些海洋科技人员估算，世界各地海洋潮汐能蕴藏量有 10 亿多千瓦。

在遥远的古代，人们就想利用潮汐能做些有益的工作。

我国古代沿海居民利用海水制食盐，就是利用潮水涨落来进行采水制盐。他们在光照充足的地区选择大片平坦的海边滩涂，构建盐田，先将海水引入盐田，然后在太阳的照射下，海水蒸发，盐田中就析出粗盐。

海水制食盐

利用潮水涨落来进行采水制盐的方法一直沿用至今，只是方法得到了改进。海水通过闸门进出盐田。涨潮时，打开盐田闸门，把海水引入盐田；退潮时，关上盐田闸门，把海水留在盐田中，利用日光和风力蒸发浓缩盐田中的海水，使其达到饱和，使食盐结晶析出来。盐田产出的粗盐，经过加工就成了精盐。

利用潮水涨落制盐，可以节省人力、物力，而且涨潮时海水含盐量高，盐田出盐量也高。

沿海渔民利用潮水涨落来进行捕捞。拖网渔船在捕捉海洋底层鱼类时，常在小潮时下网，因为小潮时海水流速低，鱼类集中。围网渔船在捕捉海洋中、上层鱼类时，常在大潮时下网，因为这些鱼类喜欢在潮流大时集群产卵。

海员利用潮水涨落，使海船顺利地进出港口和一些浅水航道；造船厂和修船厂的工人利用潮水涨落，使建成的船舶顺利下水，或者将需要修理的船舶上排或搁滩抢修；码头工人利用潮水涨落，装卸货船上的货物。就是军舰战斗，也要考虑潮汐的影响，两栖战舰艇登陆作战时，就要巧用潮汐的作用。

此外，沿海地区人民利用潮汐能代替人力，推动水磨、水车，为人类生产活动和日常生活服务。

三 潮汐发电原理

潮汐蕴藏有巨大的能量，但对潮汐能的利用却微乎其微。当前，潮汐能利用的主要方向是潮汐发电。

潮涨潮落，怎样利用潮汐发电呢？

潮汐发电，要在海湾或河口修建拦潮大坝，形成水库。在水库的坝中或坝旁修建机房，安装水轮发电机。利用潮汐涨落时海水水位的升降，形成可以利用的水位差，使海水推动水轮机发电。

从能量利用的角度来说，潮汐发电就是利用海水的势能和动能，通过水轮发电机转化为电能，给人类带来光明和动力。

潮汐发电与普通水力发电原理类似，都要建造水库，在涨潮时将海水储存在水库内，以势能的形式保存；落潮时，放出海水，利用高、低潮位之间的落差，推动水轮机旋转，带动发电机发电。

潮汐发电与普通水力发电的差别是海水与河水不同，普通水力发电是利用地理位置不同，形成水位落差，水从高处流向低处，使水轮机转动来发电。潮汐发电是利用潮水周期性涨落来发电，潮汐涨落蓄积的海水落差不大，但流量较

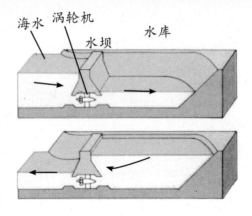

潮汐发电原理

大，并且呈间歇性。所以，潮汐发电的水轮机结构要适合低水压、大流量的特点。

潮汐发电原理简单，实施起来问题却不少。潮汐发电受潮水涨落的影响，发电不稳定。而且，海水对水轮机及其金属构件有腐蚀作用，潮汐水库中泥沙淤积问题比较严重。这些问题要得到妥善解决，潮汐发电才能大规模推广和应用。

四 潮汐发电站的类型

20世纪初，一些国家开始研究潮汐发电。第一座具有实用价值的潮汐发电站出现在1967年，它是法国郎斯潮汐发电站，位于法国圣马洛湾郎斯河口。郎斯潮汐发电站机房中安装有24台双向涡轮发电机，涨潮、落潮都能发电，总装机容量24万千瓦，年发电量5亿多千瓦时，可输入国家电网。

1968年，苏联在其北方建成了一座800千瓦的试验潮汐发电站。1980年，加拿大在芬地湾兴建了一座2万千瓦的中间试验潮汐发电站。我国在沿海地区也修建了一些中小型潮汐发电站。在浙江省温岭市建成的江厦潮汐发电站，在当今世界上规模位居前列。

潮汐发电站的种类很多，形式各异，主要有下列三种形式：

一是单库单向电站，它只用一个水库，一般在河口筑一道拦潮大坝，在河口内形成水库，在坝中或坝旁修建机房，安装单向水轮发电

机。潮水涨落时，海面与水库有一个水位差，潮水的势能使海水推动水轮机发电。它不能连续发电，发电时间和发电量小。浙江省温岭市沙山潮汐发电站就是这种类型。

温岭江厦潮汐发电站

二是单库双向电站，它也只用一个水库，但在机房内安装双向水轮发电机，它结构特殊，可以顺转，也可以倒转，使海水推动水轮发电机发电。所以，它在涨潮时或落潮时都能发电，但是平潮时不能发电。广东省东莞市的镇口潮汐电站就是这种类型。

三是双库双向电站，它是用两个相邻的水库，一个水库在涨潮时进水，另一个水库在落潮时放水，这样前一个水库的水位总比后一个水库的水位高，故前者称为上水库，后者称为下水库。水轮发电机组安装在两个水库之间的隔坝内，两个水库始终保持着水位差，故可以全天候发电。

你知道吗

潮汐发电站

潮汐发电站是利用潮汐来发电的装置和设备，将海洋潮汐能转换成电能。潮汐发电站是目前能实际应用的海洋能电站。其原理是在海湾和有潮汐的河口筑起水坝，形成水库。涨潮时，水库蓄水；落潮时，海洋水位降低，水库放水，推动涡轮机发电。

五　潮汐发电的前景

潮汐发电已经有百年历史，虽然直到今日，潮汐发电量还不大，但是潮汐发电发展前景广阔。

潮汐发电具有许多优点：首先，潮汐能是一种清洁能源，潮汐发电，不用燃料，不会污染环境，是一种可再生能源。潮涨潮落，周而复始，取之不尽，用之不竭，而且蕴藏量大，不受一次能源价格的影响，它的运行费用低，是一种经济能源，可以成为沿海地区重要的补充能源。其次，潮汐能很少受气候、水文等自然因素的影响，全年总发电量稳定，不存在丰、枯水年，也不受丰、枯水期影响。此外，建造潮汐发电站不会淹没大量农田，不需筑高水坝。即使发生地震等灾难使水坝受到破坏，也不至于对下游造成严重危害。

潮汐发电也有不少缺点和问题：一是潮汐发电受潮差变化的间歇性影响，给用户带来不便，需要与电网并网运行，以克服其间歇性的缺点。二是潮汐发电站建在港湾海口，通常水深、坝长，建筑施工、地基处理及防淤等较困难。所以建造潮汐电站投资大，造价较高。由于潮汐发电站是采用低水头、大流量的发电形式，水轮机体积大，耗钢量多，进出水建筑物结构复杂。三是潮汐发电设备受海水腐蚀和海生物黏附，故需作特殊的防腐和防海生物黏附处理。

潮汐发电虽然存在以上不足之处，但随着现代技术水平的不断提高，这些缺点和问题是可以得到解决和改善的。如采用双向或多水库发电、利用抽水蓄能、纳入电网调节等措施，可以弥补第一个缺点；采用现代化浮运沉箱进行施工，可以节约土建投资，可以解决第二个问题；应用不锈钢制作机组，选用乙烯树脂系列涂料，再采用阴极保护，可克服海水的腐蚀及海生物的黏附。

世界上适于建设潮汐发电站的 20 多处地方，都在研究、设计建设潮汐发电站。其中包括：美国阿拉斯加州的库克湾、加拿大芬地湾、英国塞文河口、韩国仁川湾等地。随着科学技术的进步，潮汐发电成本的不断降低，将会不断有大型现代潮汐发电站建成使用。

科学家们还在设想、研究新的潮汐发电方案。澳大利亚科技人员设想在海洋中建造一种大型潮汐发电站，它是一座巨大的钢质平台，用铁锚固定在海洋底部，它的基座用钢筋混凝土建成。这个钢质平台能随潮流上下移动，钢质平台上装有转轮，转轮上固定有叶片。潮水冲击叶片，使转轮转动，带动发电机发电，它发出的电力通过卫星进行微波传输，把电力传输到陆地。

海洋中的潮汐发电站

　　在海洋的各种能源中，由于潮汐能具有不消耗燃料、没有污染、不受丰水或枯水影响、用之不竭的优点，它的开发利用最为现实，最为简便，也最有发展前途。

第三节　五花八门的海流发电

海流，又名洋流，是海洋里的河流。

蕴藏巨大能量的海流

海流长年累月按着固定路线流动，从不更改。海流和陆地上的河流不同，它没有看得见的河岸。海流两边依旧是海水，颜色也相同。海流和陆地上的河流一样，有宽有窄、有头有尾、有急有缓，但海流要比陆地上的河流长得多、宽得多、深得多，也快得多。最强的海流宽上百千米，长数万千米，流速最大可达 6~7 节（每小时 12~14 千米）。

像陆地上的河流一样，海流里蕴藏巨大的能量，可以为人类作贡献，是一种未经开发和利用的新能源。

一　海流的种类和成因

海流是海水因热辐射、蒸发、降水、冷缩等不同而形成密度不同的水团，再加上风应力、地转偏向力、引潮力等作用而形成大规模相对稳定的流动，它是海水的普遍运动形式之一。

海洋里有许多海流，每条海流终年沿着比较固定的路线流动。它像人体的血液循环一样，把整个世界大洋联系在一起，使整个世界大洋得以保持其各种水文、化学要素的长期相对稳定。

海流有多种类型，按照海流成因不同分为下列两种：

一是风海流，也叫漂流，是由风直接产生的海流。海洋里那些比较大的海流，大多是由强劲而稳定的定向风吹刮起来的，风与海洋表层水之间会发生摩擦，通过摩擦方式，风可将其一部分能量传递给表层海水，除形成波浪外，还使表层海水发生移流，从而形成风海流。由于海水运动中黏滞性对动量的消耗，这种风海流随深度的增大而减弱，直至小到可以忽略，其所影响的深度通常只有几百米。

二是密度流，也叫梯度流，是海水密度分布不均匀而产生的海水流动。由于海水密度的分布与变化直接受温度、盐度的影响，不同地区的海水受太阳照射不同，导致水温不一样，不同温度的海水密度也不一样。而且，不同地区的海水中，含有的盐分和其他物质不同，也会影响海水密度。海洋各处海水密度不同，促使海水流动，形成密度流。

按照海流流向不同，可分为上升流和下降流，上升流是海水向上流动，海洋中的涌泉就是一种上升流；下降流是海水向下流动。上升流和下降流均是海水在竖直方向上的运动。

按照海流受力情况不同，海流可分为地转流、惯性流。

按照海流发生的区域不同，又有海流、陆架流、赤道流、东西边界流。

按照海流中海水温度的不同，可分为暖流和寒流两类。暖流中的海水温度比流过海区的海水温度高；寒流中的海水温度比流过海区的海水温度低。

此外，海底下还存在潜流，它的流动方向与海洋表面海流流向相反。

世界上有许多著名的海流，黑潮是其中之一。黑潮是北太平洋副热带总环流系统中的西部边界流，它具有流速强、流量大、流幅狭窄、延伸深邃、高温、高盐等特征。由于其水色深蓝，远看似黑色，因而得名黑潮。黑潮对日本、朝鲜及我国沿海地区气候有一定影响。

海洋调查船进行黑潮调查

你知道吗

海流

海流又称洋流，是海水因热辐射、蒸发、降水、冷缩等而形成密度不同的水团，再加上风应力、地转偏向力、引潮力等作用而大规模相对稳定的流动。它是海水的普遍运动形式之一。海洋里有着许多海流，每条海流终年沿着比较固定的路线流动。它像人体的血液循环一样，把整个世界大洋联系在一起，使整个世界大洋得以保持其各种水文、化学要素的长期相对稳定。海洋中最著名的海流有黑潮和墨西哥湾流。

二　海流的千秋功过

海流对人类生产、生活产生重大影响。海洋中的暖流对沿岸气候有增温、增湿作用，而寒流对沿岸气候有降温、减湿作用。在寒、暖流交汇的海区，海水受到扰动，可以把海洋下层营养盐类带到表层，为鱼类提供食饵，有利于鱼类大量繁殖；两种海流还可以形成"水障"，阻碍鱼类活动，使得鱼群集中，易于形成大规模渔场，如日本北海道渔场；有些海区受离岸风影响，深层海水上涌把大量的营养物质带到表层，从而形成渔场，如秘鲁渔场。

海流直接影响海洋航运活动，海轮顺海流航行可以节约燃料，加快速度；而逆着海流航行浪费燃料，减慢速度。两股海流在海上相遇，会形成海雾，对海上航行不利。此外，海流从北极地区携带冰山南下，给海上航运造成较大威胁。

海流对海洋生态环境也会产生影响，海流可以把近海的污染物质携带到其他海域，有利于近海海域污染的扩散，加快净化速度。但是，其他海域也可能因此受到污染，使污染范围扩大。所以，了解和掌握海流的规律，对渔业、航运、排污和军事等都有重要的意义。

还在遥远的古代，古人就知道"顺水推舟"，即利用海流漂航。帆船时代利用海流助航，正如人们常说的"顺风顺水"。18世纪时，美国科学家富兰克林曾绘制了一幅墨西哥湾流图，标绘了北大西洋海流的流速流向，供来往于北美和西欧的帆船使用，大大缩短了横渡北大西洋的时间。

第二次世界大战时，日本人曾利用黑潮从中国、朝鲜以木筏向本土漂送粮食。现代人造卫星遥感技术可以随时测定各海区的海流数据，为大洋上的轮船提供最佳航线导航服务。

海流有时会带来灾难。海洋中有一支名叫"厄尔尼诺"的暖流，它闯入秘鲁渔场，使海水温度迅速上升，使那里生活的冷水性浮游生物适应不了而死去。渔场里的鱼类因失去食料而丧生，死鱼死虾产生的硫化氢使海面变黑，成为"死海"。"厄尔尼诺"暖流还常常到其他海域去闯祸，给人类带来巨大灾难。

"厄尔尼诺"带来的灾难

三 海流发电原理与技术

海流里蕴藏的能量，要比陆地上河流蕴藏的能量大得多。就拿世界著名的海流"黑潮"来说，它的流量比世界上所有陆地河流流量总和大20倍，它蕴藏的能量大约相当于每年发出1700亿千瓦时的电力。

利用海流可以发电，海流发电与陆地河流发电不同，和潮汐发电也不一样，它不能建筑拦水坝和拦潮大坝，也不能建筑水库或蓄水池。

海流发电与潮汐发电原理是相同的，利用海流的冲击力使水轮机旋转，然后再带动发电机发电。但是，海流发电站不能建在海边。通常，海流发电站漂浮在海面上，用钢索和锚加以固定。

经过多年的努力，科技人员研究出多种海流发电技术，研制了多种海流发电装置，它们的基本形式类似于风车、水车，装有叶片。风车是靠风力吹动叶片，使风轮机转动，带动发电机发电。海流发电装置是靠海流水力冲击叶片，使水轮机转动，带动发电机发电。所以，海流发电装置又称"海下风车"。

海流发电技术受到许多国家的重视。1973年，美国试验了一种名为"科里奥利斯"的巨型海流发电装置。该装置为管道式水轮发电机，机组长110米，管道口直径为170米，安装在海面下30米处。在海流流速为2.3米/秒的条件下，该装置获得8.3万千瓦的功率。

美国"科里奥利斯"海流发电装置

日本、加拿大也在大力研究试验海流发电技术。我国的海流发电技术研究也已经有样机进入中间试验阶段。

海流发电技术和风力发电技术相似，从原理上说，几乎任何一个风力发电装置都可以改造成为海流发电装置。但由于海水的密度约为空气的 1000 倍，且必须放置于水下，因此海流发电存在着一系列的关键技术问题，包括安装维护、电力输送、防腐、海洋环境中的载荷与安全性能等。

此外，海流发电装置和风力发电装置的固定形式和透平设计也有很大的不同。海流发电装置可以安装固定于海底，也可以安装于浮体的底部，而浮体通过锚链固定于海上。海流中的透平设计也是一项关键技术，只有等到这些关键技术有所突破，海流发电才能得到真正应用。

四 "花环"与"降落伞"

有一种浮在海面上的海流发电站，看上去像花环，被称为花环式海流发电站。这种发电站是由一串转子组成的，它的两端固定在浮筒上，浮筒里装有发电机。整个电站迎着海流的方向漂浮在海面上，就像献给客人的花环一样。

海流冲击着转子的叶片，使转子转动，带动浮筒里的发电机发电。浮筒是用钢索和铁锚固定在海洋里，并保持一定深度。

这种花环式海流发电站的发电能力比较小，一般只能为灯塔和灯船提供电力，至多不过为潜水艇上的蓄电池充电而已。

20 世纪 70 年代末期，

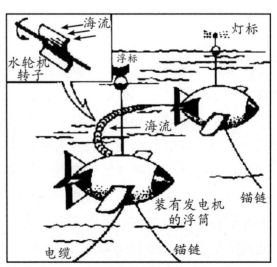

花环式海流发电站示意图

美国科技人员研制出一种降落伞式海流发电装置。这种发电装置是建在船上的。就是将 50 个"降落伞"串在一根长 154 米的绳子上，用来集聚海流能量。这个特殊"降落伞"的直径为 0.6 米，绳子的两端相连，形成一环形。然后，将绳子套在锚泊于海流中的船尾的两个轮子上。

置于海流中串联起来的 50 个"降落伞"由强大的海流推动着。在环形绳子的一侧，海流就像大风那样把"降落伞"吹胀撑开，顺着海流方向运动。在环形绳子的另一侧，绳子牵引着伞顶向船运动，伞不张开。于是，拴着"降落伞"的绳子在海流的作用下周而复始地运动，带动船上两个轮子旋转，连接着轮子的发电机也就跟着转动而发出电来。

这种降落伞式海流发电装置曾经在墨西哥湾中进行了试验，每天工作 4 小时，功率 500 瓦。它的优点是构造简单，能适合海流流向变化，其缺点是工作不稳定，发电量小。

为了提高海流发电装置的效率，有人提出建造海流发电船设想，在船舷两侧装着巨大的水轮，水轮在海流推动下不断地转动，进而带动发电机发电。这种发电船发出的电力通过海底电缆输送到陆地上。

五　海流发电前景

海流发电技术的研究起步比较晚，发展也比较慢，目前，世界上许多国家都还处在试验、开发阶段。

日本从 20 世纪 70 年代开始利用黑潮暖流进行发电研究，80 年代进行了海流发电的水池试验和海上试验。日本科技人员还提出了利用水平轴对称翼型直叶片转轮来进行海流发电的新方法。

美国专门成立了海流发电研究室，并提出了三种海流发电方法：一是直接以电能形式，把海流发电装置发出的电力，通过水下电缆输送到陆地上；二是利用海流发电得到的电力，电解海水，提取氢气，用管道将氢气输送到陆地上；三是利用海流发电得到的电力制取压缩空气。

美国还有人提出了大规模利用海流发电的设想：在佛罗里达强海流海域，设置一组巨型水轮发电机，其中心部件是一台二级转子，它由一对能反向旋转的涡轮机组成，装在一个能大量收集海流能量的导管内，当海流通过导管时，可以带动涡轮机，像风车一样发电。海下

海下风车

风车样机试验结果表明，海流发电前景令人振奋。

我国从 20 世纪 80 年代开始，就进行千瓦级海流发电船的试验。这种海流发电船利用海流冲击安装在船舶两侧的水轮机转动发电，发电船用锚进行定位。

由于大多数海域的海流速度低，而且流速变化较大，发电量不稳定，海流发电的一些技术问题有待解决，因此，海流发电还未达到实用阶段，仍处于试验、开发阶段。随着科学技术的发展，特别是高科技的发展，例如，超导技术的迅速发展，超导磁体已得到了实际应用，利用人工形成强大的磁场已不再是梦想。因此，有专家提出，只要用一个 31000 高斯（注："高斯"是磁感应强度的非法定计量单位，法定计量单位是"特斯拉"，1 高斯 ＝ 10^{-4} 特斯拉）的超导磁体放入黑潮海流中，海流在通过强磁场时切割磁力线，就会发出 1500 千瓦的电力。当然，设想要变成现实还有一段很长的路要走。高科技应用于海洋开发已成为一种趋势，利用海流进行大规模发电一定会变成现实，海流里蕴藏的能源可以成为一种新能源而被利用。

第四节　温差发电与盐差发电

海洋是地球上最大的热能仓库，也是新能源仓库。海洋储藏的热能主要来自太阳。太阳向宇宙空间放射的光和热照射到地球上，其中相当一部分用来加热空气和被地球大气所反射掉。到达地面的太阳能，大部分照射到海洋里，被海水吸收，储藏在海洋这个热能大仓库里。

一　海洋热能仓库

海洋为什么会成为热能大仓库呢？

海洋之所以能储藏热能，成为热能大仓库，是由于海水热容量大，每立方厘米为 4.0 焦（0.965 卡），比空气热容量大三千多倍，比陆地表面土层热容量大两倍。而且，海洋广阔，海洋面积占了地球表面积的三分之二。所以，海洋成了地球上的热能大仓库。

受太阳照射，海水把太阳辐射能转化为海洋热能，储藏在海洋里。海洋里储藏丰富的海洋热能，但是，海洋这个热能仓库的热能分布很不均匀，要开发这个热能仓库面临的问题不少。

地球上不同地理位置的海水，受阳光照射程度不同，海水吸收热能多少也不同，海水表面层温度不同，储热量也不同。海洋热能仓库储热量是随地理纬度不同而变化的，纬度越高，储热量越少；纬度越低，储热量越高。

同一地区、同一地方的海水温度在垂直方向分布也不均匀，海水温度随着海洋深度增加而降低。射入海水的太阳能，其中 80% 的能量是被 1 米深的表层海水吸收和储存，大约 5% 的太阳能射入 5 米深的表层海水中，只有 1% 的太阳能射入 10 米深的海水中。随着海水深度增加，海水温度在下降。海洋表层海水温度和海洋深处温度相差有一二十摄氏度，甚至更多。

开发海洋热能

海洋各处的海水温度还与季节、昼夜、海水成分和海水运动的情况有关。

海洋热能仓库中，热能主要储藏在低纬度和中纬度地带的表层海水中，所要开发利用的也就是这一区域的海洋热能。

你知道吗

海洋热能

海洋热能是海洋表层温水与深层冷水之间的温差所蕴藏的能量。在热带地区，表层海水保持在 25～28℃。而在几百米以下的深层海水温度却稳定在 4～7℃，用上下两层不同温度的海水作热源和冷源，就可以利用它们的温度差来发电，让海洋热能转换成电能，为人类所利用。

二 有趣的温差发电实验

人们早已知道海洋中储藏着丰富的热能，但是，如何开发利用海洋热能大仓库中的热能呢？很长时间以来，人们只能望洋兴叹。

1881年9月，法国生物物理学家阿松瓦尔就提出利用海洋温差发电的设想。

1926年11月，阿松瓦尔的学生克洛德做了一个有趣的温差发电实验：用两个烧瓶，一个装冰块，水温保持0℃；另一个烧瓶中装着28℃的温水，这水温与热带海域表面水温相近。用管道将两个烧瓶连成一个密封系统。这个密封系统外接一台真空泵，由喷嘴、涡轮发电机和3个电灯泡组成。

试验开始了，克洛德用真空泵降低烧瓶中的压力，将空气从烧瓶中抽出，当烧瓶中压力降到原来的1/25时，水的沸点下降到28℃，这时，装温水的烧瓶中的水开始沸腾，成为水蒸气，而另一个烧

一座试验性的海水温差发电站

瓶中由于装有冰块，水温仍保持0℃。这样，两个烧瓶产生了气压差，装温水的烧瓶中产生的蒸汽，通过喷嘴喷出，推动涡轮发电机旋转，发出电力，3个电灯泡亮了！

这个实验证明了克洛德的老师阿松瓦尔提出的温差发电设想是正确的，建立海水温差发电站是可行的。

1930年，克洛德在古巴附近的海域中建造了一座海水温差发电站，这是一座试验性的海水温差发电站。现在，不少地方建有试验性

海水温差发电站。

三 海水温差发电原理

海水温差发电站怎么发电呢?

海洋中海水表层温度不同,在热带和亚热带地区,表层海水保持在 25～28℃。而在几百米以下的深层海水,温度却稳定在4～7℃,用上下两层不同温度的海水作热源和冷源,就可以利用它们的温度差发电。

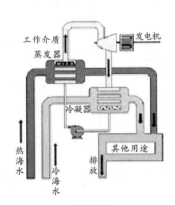

温差发电原理图

海水温差发电站构思图

海水温差发电的基本原理是借助一种工作介质,使表层海水中的热能向深层冷水中转移,从而做功发电。

海洋温差发电方式主要有两种形式:开式循环系统和闭式循环系统。

开式循环系统由真空泵、温水泵、冷水泵、蒸发器、冷凝器、涡轮发电机等部分组成。用真空泵先将系统内抽到一定程度的真空,接着启动温水泵把表层的温水抽入蒸发器,表层温海水就在蒸发器内沸腾蒸发,变为蒸汽。蒸汽经管道由喷嘴喷出,推动涡轮发电机发电。排出的低压蒸汽进入冷凝器,被由冷水泵从深层海水中抽上来的冷海水所冷却,重新凝结成水,并排入海中。

闭式循环系统是使来自表层的温海水,在热交换器内将热量传递给低沸点工作介质——丙烷、氨等,使之蒸发,产生的蒸气再推动涡轮发电机发电。深层冷海水仍作为冷凝器的冷却介质。由于这种系统不需要真空泵，是目前海水温差发电中常采用的循环方式。

除了开式、闭式两种循环系统，还有一种混合式循环系统，它是把温海水抽入蒸发器，成为蒸汽，再加热低沸点工作介质，这种循环系统具有良好的传热性能。

无论哪种形式的海洋温差发电，所产生的蒸汽气压低，效率也低，发电量小。还由于海洋温差发电站设置在陆地上，需要有很长的管道，而且用水泵来把表层和深层的海水引入海洋温差发电站，也要消耗很多能量，这就限制了海洋温差发电的推广和应用。

看来要发展海洋温差发电还需要大智慧，突破技术难关，才能有所发展。

四　海水盐差发电的奥秘

海洋里蕴藏有热能，还蕴藏有化学能，盐差能就是一种化学能，是指海水和淡水之间或两种含盐浓度不同的海水之间的化学电位差能，它是以化学能形态出现的海洋能。盐差能也是海洋能中能量密度最大的一种可再生能源。

海水盐度是指 1000 克海水中所溶解的固体盐类物质的质量（单位：克），用‰表示。一般海水含盐度为 35‰。在大海和河流交汇处，有明显的盐度差，是开发利用化学能的理想场所。

在淡水与海水之间有很大的渗透压力差，一般海水含盐度为 35‰时，和河水之间的化学电位差相当于 240 米水头差的能量密度，这个压力差可以利用起来进行发电。

1939 年，人们就发现把两种不同浓度的盐溶液倒入同一容器时，浓溶液中的盐类离子就会向稀溶液中扩散。人们由此得到启发，设想将两种盐度不同的海水的电位差能转换成电能，提出了海水盐差发电设想。其原理是利用半渗透膜两侧海水和淡水之间的电位差，来驱动水涡轮机发电。

美国科技人员提出一种海水盐差发电装置：一个构造特殊的水压塔，它有一个上端开口、下端封闭的腔室，可以容纳水体。水压塔的一侧是淡水室，另一侧是海水室，中间用特制的半渗透膜隔开。

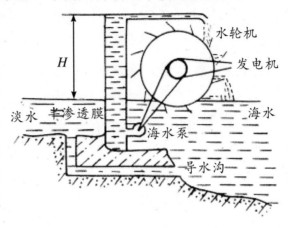

海水盐差发电原理

由于淡水和海水之间的盐度不同，形成较高的渗透压力，淡水不停地渗入已经充满海水的水压塔中。当水压塔中的水体一直升高到达上端时，海水从上端开口处溢出，水流冲击水力涡轮机叶片，使其转动，带动发电机发电。

海水盐差发电技术出现较晚，对其特点、基础技术掌握不够，特别是关键材料半渗透膜技术未成熟，所以，海水盐差发电还未达到实用阶段。但是，海洋中盐差能蕴藏量巨大，作为一种海洋新能源，前途无量。

第五节　海洋自然空调器

海洋影响大气的温度和湿度，也影响全球大气环流。海洋是风雨的故乡，是地球环境的空调器。

海面的海水受阳光照射，温度升高，海水蒸发。含有水蒸气的潮湿空气遇冷后凝结成水，成为雨降落到地面，也可成为雪飘落到大地。

海洋和大气一起构成一台天然的大型空调器。这台自然空调器长年累月、不间断地工作着。它的能源来自海洋和高空大气之间的温度差。海洋表面空气温度高，而高空大气温度低，通常在0℃以下。冷热空气之间的温度差，为海洋空调器提供了取之不尽的能源。

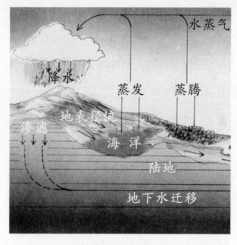

海洋自然空调器

科学家异想天开，想从海洋自然空调器中提取能源，并提出了许多相关的设计方案。

建造兆功率塔就是其中一种。科学家设想，在海面离海岸约30千米的一个浮船坞上，建一座高塔，高5千米，直径为50米，在塔内充入丁烷气。丁烷气受海洋热量作用而蒸发，丁烷气以180千米/时的速度向塔尖方向冲去，在塔尖遇冷，变成液体，从一根中心直管倾泻而下。在塔底安装有一个涡轮发电机，液态丁烷冲击涡轮发电机叶片，发出电力。

建造兆功率塔有许多技术问题需要解决。首先，塔的结构要非常坚固，而能承载如此高大的塔身的浮船坞也要异常坚固；其次，要保持塔身稳定，不受海洋大风大浪的影响。为此，科学家设想，兆功率塔三面用8千米长的钢丝绳对塔身进行固定，在塔四周吊着4个漂浮式椭圆形氢气球，利用氢气的浮力，来减少对塔底的压力。

虽说建造兆功率塔有许多技术问题需要解决，从海洋自然空调器中提取能源的设想是否能成为现实还是个未知数，但是，从海洋大气这台自然空调器里提取能源的设想并非天方夜谭。

大气环流

　　大气环流是大气大范围运动的状态。一个大范围地区、一个大气层次、一个长时期的大气运动和变化过程都可以称为大气环流。大气环流进行热量和水分的输送和平衡，以及各种能量间的相互转换。研究大气环流，对于提高天气预报的准确率及更有效地利用气候资源有着非常重要的作用。

第二章
有趣的人体能

人体能是被大量浪费的一种自然能源。有关专家测算：人体能至少有 1/3 被白白浪费掉，一个人每天浪费掉的人体能，如全部转化为热能，可以把相当于他体重的水由 0℃ 加热到 50℃。要是把全世界每年浪费掉的人体能利用起来，相当于 10 座核电站生产的电力。

　　人体能虽然称不上新能源，但是，在能源紧张、燃油价格飞涨的今天，能源问题显得愈加突出，人体能的应用和开发又被人们所重视。如今，一些科学家已经开始把课题转向人体能的开发利用上。其实，地球上 60 亿人口就是 60 亿台天然发动机，让天然发动机重新发动，成了今天开发新能源的新话题。

第一节　什么是人体能

　　早在人类诞生之时，人体能就已经开始被应用，人体能在人类文明启蒙阶段时就曾得以广泛应用。只是由于人类文明的发展和科学技术的进步，人体能逐渐被冷落。

　　人体能同太阳能、风能等自然能源一样是廉价的，且不受气候变化的影响，取之不尽，用之不竭，又没有污染，收集转换也并不是很复杂，既能自产自用，也能"零存整取"。

　　人体能是一种生物能，是人体散发的能量。人体能是最早被人类开发应用的自然能源，上至 80 岁老太爷，下至学步小儿郎都能自己开发应用自己身上蕴藏的人体能，真可谓老少皆宜。在人的生命过程中，人体能随时作用于周围环境，如运动时人体向周围散发出大量热量，人行走时体重对路面产生的压力等。

人体能主要由两部分组成，一是人体热能，二是人体机械能。

人体热能是靠吃进嘴里的食物获取的，也可以通过注射营养液、葡萄糖来获得，以维持基本的生命体征。人体散发出的热能因人而异，体质不同，状况不同，人体散发出的热能多少是不同的。专家发现，凡是学习用功的学生，他的身体散发出的热量就多；男生要比女生产生的热量多；体重越重的学生产生的热量越多。

充满活力的人体能

人体机械能是人体通过肢体活动，使肌肉中蕴藏的生物能转化成人体机械能，其表现形式为走路、日常生活活动和劳作活动。

人体能开发应用的范围是很广泛的，除了人体热能、人体机械能，人体重力能也可以被利用。当一个人坐着或者站立时，会产生持续的重力能。如果采用特制的重力转换器，把重力能转换成电能，就可以输入蓄电池，也可以直接利用。

人体能是人类自身的生物能，是自然界中的一种再生能源。如果能将人体能充分地利用起来，可以为人们做许多事情，为人类做出贡献。从这个意义上说，人体能也是一种尚待开发的新能源。

人体能的开发和利用，不受天气影响，又无污染，使用方便，加上我国人口众多，所以人体能是一种不可忽视的能源。我们盖被子、穿衣服是利用人体能保持体温，不使热能散发而受冷。我们用肌肉产生的机械能走路、活动、生活和工作，但这一切是在不知不觉中进行的。

随着科技的发展和进步，能源问题显得愈加突出起来。如今，一些科学家已经开始把课题转向人体能的开发利用上。我国是世界上人口最多的国家，许多城市人口密集，人体能开发应用前景广阔。在城市众多的交通要道、出口入口、台阶天桥等处都便于大量收集人体能，要是将收集到的人体能进行发电，就可以就近用于照明、交通指示等。

第二节　人体热能回收

有人做过这样的试验：将鸡蛋放在怀里，紧贴住皮肤，日夜小心呵护，经过一段时间，就能孵出小鸡！鸡蛋孵出小鸡靠的是人体热能，是人体热能创造的奇迹，人体生命活动也是靠人体热能维持的。

寒冷的冬日，人们穿上厚实的冬衣，就是为了防止人体热能散发，保持体温。寒冬腊月人们抱团取暖，是利用人体热能的绝妙写照。一个重 50 千克的人，一昼夜可消耗热量 10425 千焦。如果把这些热量收集起来，可以将 50 千克的水从 0℃ 加热到 50℃。可见人体热能利用的潜力不容小觑。

一　回收人体热能的建筑

人类的大部分时间是在室内度过的，在自己家里、在学校、在工厂、在办公室里。回收人体热能的最佳场所是在建筑物内部。

美国有一家电信电话公司曾设计建造了一座新颖的办公大楼，它是一座能回收人体热能的建筑，这座办公大楼的房间内壁材料能有效地吸收人体热能，它能收集全楼 3000 多名职工散发的热量，再通过高效的温差电池，把热能转换成电能，储入蓄电池，用于照明、电脑打字、调节楼内室温。这家电信电话公司的办公大楼可以用人体热能发出的电力，保持办公室内室温在 18～29℃。

美国匹兹堡大学也设计了一个热量收集系统，该系统将学生和教师释放出的热能收集起来。同时，该系统能收集学校内电灯、厨房以及从窗外射入的阳光等所产生的热量，将它们散发的热能聚集到一个中央设备中，再通过该系统的地下管道重新分散。据说，此系统在寒冷的冬季，完全可以供学校的 6 座大楼包括办公室、教室、剧院等的取暖。

现在的人体热能采集技术研究在世界上已经是一个热门趋势，上海世博会伦敦馆零碳馆有套"风帽"系统，可以把人体散发的热能充分吸收，也能把外界风能吸收。要是这套系统普及到每个家庭的话，那么空调与暖气就可以退出历史舞台了，因为"风帽"系统产生的热风或冷风，再加上墙壁所具有的调节功能，可以形成最适合人体感受的室内温度，哪怕外面是酷暑或严寒，室内也永远是春天。

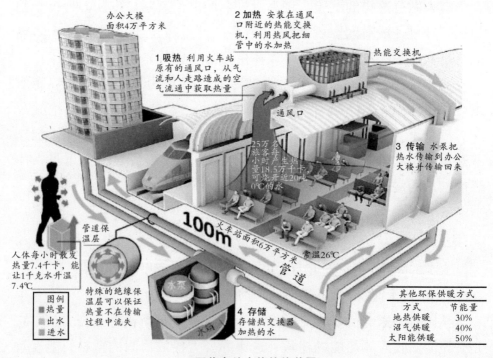

回收车站人体热能装置

瑞典有人对斯德哥尔摩中央火车站穿梭的 25 万名旅客释放的热量感兴趣，想用通风系统把它们收集起来。这些热量通过简单的管道和泵可以加热循环水以供楼房取暖。这个设想理论上可行，但是具体实施起来困难不少。

二　赛贝克的发现

人体热能怎样开发利用呢？

将人体热能收集起来，然后转换成电能，这是一条经济实用的途径。可是，热能怎样转换成电能呢？

1821 年，科学家赛贝克在进行科学实验时发现，把两种不同的金属导体接成闭合电路时，如果把它的两个接点分别置于温度不同的两个环境中，则电路中就会有电流产生。

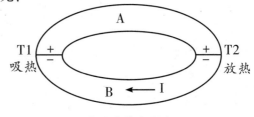

赛贝克效应实验

这是一个了不起的发现，这种由于金属导体的两端温度不同而产生电流的现象被称为赛贝克效应，又称做第一热电效应，它是指由于温差而产生的热电现象。利用这个原理发电就叫温差发电。利用温度差异使热能直接转化为电能的装置是温差电池。温差发电的效率主要取决于热端和冷端的温度和温差发电材料。

温差电池一般是把若干个温差电偶串联起来，把其中一头暴露于热源，另一头接点固定在一个特定温度环境中，这样产生的电动势等于各个电偶之和，就可以得到需要的电能。

温差电池的材料一般为金属和半导体两种。用金属制成的电池其赛贝克效应较小，常用于测量温度、辐射强度等。用半导体制成的电池赛贝克效应较强，热能转化为电能的效率也较高，因此，可以做成温差电池。将多个这样的温差电池组成温差电堆，可作为小功率电源。

温差电池技术研究始于 20 世纪 40 年代，于 20 世纪 60 年代达到高峰，并成功地在航天器上实现了长时间发电。当时美国能源部的专家称："温差发电已被证明性能可靠，维修少，可在极端恶劣环境下长时间工作。"

将人体热能转换成电能，用的也是温差发电原理，做成的温差电池技术要求高、难度大。在科学技术发展的今天，利用人体热能的温差电池才能问世和得到实际应用。

三　大放异彩的温差电池

利用半导体技术制成的温差电池问世后，出现了许多新产品，让人耳目一新，给世界带来新的面貌。

德国慕尼黑的一家芯片研发企业研究出的一种新型电池，就是利用半导体技术制成的温差电池，它主要由一个可感应温差的硅芯片构成。当这种特殊的硅芯片正面"感受"到的温度较之背

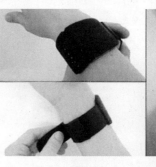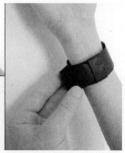

温差电池为腕表提供能量

面温度具有一定温差时，其内部电子就会产生定向流动，从而产生微电流。它就是一种新型温差电池。

据介绍，只要在人体皮肤与衣服等之间有5℃的温差，就可以利用这种温度差异，使热能直接转化为电能。这种温差电池可以为一块普通的腕表提供足够的能量，使其保持正常运转。这样，普通的电子手表就不需要定期更换电池了。

利用赛贝克效应制成的手机充电手镯，可以使普通的手机不需要定期更换电池。

温差发电已有应用，但热电转换效率低、成本高，影响了温差发电技术的推广和应用。近几年来，随着能源与环境危机的日渐突出，以及一批高性能热电转换材料的开发成功，温差发电技术的研究又重新成为热点，但突破的希望还是在于转换效率的稳定提高。

美国旧金山大学的一位科学家发现，鲨鱼鼻子里的一种胶体对温

度非常敏感，这种胶体能把海水温度的变化转换成电信号，传送给神经细胞，使鲨鱼能够感知细微的温度变化，从而准确地找到食物。科学家受此启示，想人工合成这种胶体，应用在微电子工业，提高温差电池热电转换效率。

随着温差电池技术的进步和成熟，人们常用的手机、笔记本电脑电池就可以利用身体与外界的温度差发电，而大大延长其使用时间。

收集人体热量并加以利用要通过先进的科学技术手段，比如科学家利用人体能制成温差电池，这种电池十分小巧，可以放进口袋中，可作为助听器、袖珍电视机、袖珍收录机、微型发报机等的电源。

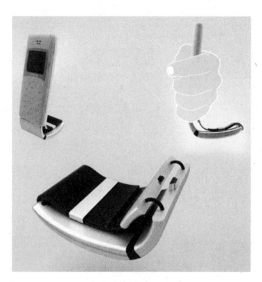

手机充电手镯

你知道吗

热电效应

热电效应是受热物体中的电子，随着温度梯度由高温区往低温区移动时，所产生电流或电荷堆积的一种现象。自然界中一些稀有矿物和生物具有明显的热电效应。鲨鱼鼻子里的一种胶体能够感知细微的海水温度变化，也是热电效应所致。

第三节　最成功的人力机械

　　人力车，即人力推挽的车辆，是人类早期的运输工具，是人类最早使用的一种车辆。人力车也是交通工具中延续时间最长、应用范围最广的一种，是它扩大了人类活动的范围。

一　从"市牛流马"说起

　　最早出现的人力车是独轮车，俗称"手推车"。它是一种轻便交通运输工具，既可运物，又可载人。在我国北方地区，独轮车在很长一段历史时期起过重要作用，它几乎与我国北方的毛驴起同样的作用。

　　中国最早的独轮车在三国时就出现了，传说诸葛亮制造的"木牛流马"就是一种独轮木板车。它是一种带有摆动货箱的人力步行机，用来运送粮食一类颗粒货物。

　　诸葛亮把独轮车称为"木牛流马"，所谓"木牛"是有四条腿的人力车；所谓"流马"是一个向上开口的木箱，可用来装物。粮食是先装入布袋再装入箱中的。"流马"在"木牛"的上下运动中会像打秋千那样产生前后

诸葛亮制造的"木牛流马"

摆动。"木牛流马"能在山路上行进。传说诸葛亮就是用"木牛流马"解决军粮运输问题的。

你知道吗

木牛流马

"木牛流马"为三国时期蜀汉丞相诸葛亮发明的运输工具，分为"木牛"与"流马"。关于"木牛流马"有多种解释，其中一种说法是单轮木板车，是一种在山路用的带有摆动货箱的运送颗粒货物的木制人力步行机。

汉魏时代盛行用人力推挽的独轮车，货架安设在车轮的两侧，用以载货，也可乘人。独轮车只有一个车轮着地，可以方便地行进，也能在田埂、小道上行进。

独轮车俗称手推车，在近现代交通运输工具普及之前，是一种轻便的运物、载人工具。现在，独轮车用于体育运动，是一项新兴的运动项目，它集运动、娱乐、健身于一体，具有趣味性、娱乐性和健身性。

随着运输工具的发展，人力车逐步为畜力车和机动车所代替，出现了两轮车、三轮车、

集运动、娱乐、健身于一体的独轮车

四轮车。现在人力车只作为少量货物短距离搬运之用，如架子车和行李车。

架子车是一种用人力推挽的两轮车，车架用金属或木材制成，可随时拆下，载重250~500千克，使用范围较广。

行李车是一种装有两个小铁轮（或胶轮）的人力运货车，载重约250千克，车身较低，能在窄路小巷通行和出入仓库，适用于车站、码头、仓库等场所的小件货物搬运。安装胶轮的独轮车在农村、工地亦有应用。

二 黄包车的现身

19世纪末期，亚洲出现了一种载客人力车。它装有两个有弹性的车轮，还装有钢片弹簧的悬挂装置和木制车厢，车厢前伸出两根辕杆。辕杆就是挽车的手把。拉车人提起辕杆，乘车人身躯后仰，可减轻挽车力量。

中国的载客人力车是由日本传入的，故又称"东洋车"，为引人注目，招徕生意，车身涂黄漆，故又名黄包车。

独轮车、黄包车都是用人力能作动力，古今中外，人力车类型很多，可以载人，也可以

人力车

装物。人力车的载重能力比人肩挑、背负的能力大得多，而且它可以免除人体直接承受重压。

人力车延续了很长的历史年代，至今还与人们形影相随，特别是在能源紧张、燃油价格飞涨的今日，人力车又回到人们身边，它摇身一变，成了一种时尚的绿色交通工具。

三　可爱的 "小马崽"

人力车是一种简单的人力机械。在人力机械中最成功、应用最广泛的是自行车。它是由许多简单机械组成的较为复杂的机械。

1790 年的某一天，法国人西夫拉克在巴黎的一条街道上被一辆四轮马车溅了一身泥水。他由此受到启发，把马车进行了改造，四个车轮变成前后两个车轮。经过反复试验，1791 年，第一辆能代步的 "木马轮" 小车造出来了。这辆小车有前后两个木质的车轮子，中间连着横梁，上面安装了一个板凳。

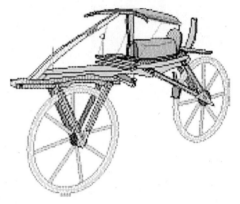

第一辆能代步的 "木马轮" 车

这是最早出现的自行车，靠骑车人双脚用力蹬地来行进。

后来，出现了许多改进了的自行车。1816 年，德国人德拉伊斯在前轮上加了一个控制方向的车把子，可以改变前进的方向，但是，骑车时依然要用两只脚一下一下地蹬踩地面。德拉伊斯十分喜欢它，把它称为 "可爱的小马崽"。

1840 年，英国人麦克米伦弄到了一辆破旧的 "可爱的小马崽"，把它进行了改装。首先，他在后轮的车轴上装上曲柄，再用连杆把曲柄和前面的脚蹬连接起来，并将前后轮改用铁制的，前轮大，后轮小。当骑车人踩动脚蹬，车子就会自行运动起来。这辆改造过的 "可爱的小马崽" 行进更方便了。

早期的自行车

四　最成功的人力机械

1861 年，法国的马车修理匠米肖父子也对"可爱的小马崽"进行了改装，在前轮上安装了能转动的脚蹬板；车子的鞍座架在前轮上面，他们把这辆两轮车冠以"自行车"的雅名，并于 1867 年在巴黎博览会上展出，让观众大开眼界。

1867 年巴黎博览会上展出的自行车

不过，在这种自行车上骑车的人技术要特别高超，否则就抓不稳车把，会从车子上掉下来。为此，英国人雷诺对自行车又进行了改造，他采用钢丝辐条来拉紧车圈作为车轮；同时，利用细钢棒来制成车架，车子的前轮较大，后轮较小，从而使自行车自身的重量减小一些，骑起来更方便了。

真正具有现代形式的自行车是在 1874 年诞生的。英国人罗松在自行车上装上了链条和链轮，用后轮的转动来推动车子前进。当时的自行车仍然是前轮大，后轮小，车身不稳定。

到了 1886 年，英国机械工

斯塔利改造的自行车

程师斯塔利为自行车装上了前叉和车闸，并使前轮和后轮大小相同。经过这样的改进，自行车车身可以保持平衡。他还用钢管制成了菱形车架，首次使用了橡胶的车轮。斯塔利不仅改进了自行车的结构，还改制了许多生产自行车部件用的机床，为自行车的大量生产和推广应用开辟了广阔的前景。为此，英国人把斯塔利称为"自行车之父"。今天自行车的样子与当年斯塔利所设计的自行车基本一致。

自行车的另一项重要改革出现在 1888 年，爱尔兰兽医邓洛普从医治牛胃气膨胀中得到启示，把家中浇水用的橡胶管粘成圆形，打足了气，装在自行车轮子上。这种装了可以打气的橡胶车轮的自行车可以骑得更快，在当地举行的一次骑自行车比赛中得了奖。这样，邓洛普的充气轮胎自行车引起了人们极大的兴趣。

充气轮胎自行车的出现是自行车发展史上的一个创举，它增加了自行车的弹性，使车子不会因路面不平而震动，同时，增大了车轮与路面的摩擦力，大大地提高了车速。这就从根本上改变了自行车的骑行性能，完善了自行车的使用功能，使自行车成为最成功的人力机械。

第四节　人力车大行其道

在能源紧张的今日，人力车大行其道。除了用脚骑行的自行车，还出现了用手摇动的，用脚踏的，或者手脚并用的人力车，它们外形特殊，有的像小汽车，跑得也很快，简直要与有动力的汽车一比高低。

<h2 style="text-align:center">一 "维罗车" 的秘密</h2>

一天，加拿大首都多伦多爆发了大罢工。公交系统瘫痪，自行车、小滑轮甚至溜冰鞋成了多伦多市的风景线。米奇维可斯律师驾着一辆怪模怪样的人力车，在人群中穿行。

这辆人力车名为"维罗车"，它是米奇维可斯律师供职的公司专门为客户订制的高端人力车。"维罗车"看起来就像自制的大型玩具车，它的车速根据路况不同，在不太消耗体力的情况下，可以达到每小时 40～56 千米，而普通的自行车速度最快每小时也仅为 30 千米，而且车手的体力无法将这个车速保持较长时间。

"维罗车"为什么能跑得这么快呢？

要让人力车跑得快，要么是增强驱动力，要么是减少阻力。1972年，美国加利福尼亚州立大学机械工程师切斯特·凯尔开始进行关于极度减小风对自行车阻力的实验。他的成果是设计出了美国第一辆流线型自行车，以减小空气阻力。

"维罗车"人力车

"维罗车"内没有安装引擎，它是一种人力车，是一辆流线型自行车，有个子弹形密封外壳，空气阻力小。所以，即使是很小的动力，也能让车子以较快的速度前进。"维罗车"是通过脚踏板或手摇驱动，并附有像汽车一样可以遮蔽风雨的子弹形密封外壳。

为了提高车速，"维罗车"把位于车身下方的脚踏板和传动链条移到了人力车前轮的前面，车手也由坐姿变为仰卧。由于车身采用流线型外壳，大大减少了空气阻力。而普通自行车由于空气阻力，车手90％的动力都成了无用功。

"维罗车"利用的是人体能，人人都可将自个儿当能源使，利用率很高，又不污染环境，所以，它的出现引起了人们的重视。

二　跑得最快的环保车

美国俄勒冈州小镇卡夫杰克森出现了一种被《连线》杂志评为"世界上十大跑得最快的环保车辆"之一的 FM－4 人力车。

FM－4 人力车是由高强度钢管制成的新颖人力车，它的样车很简陋，没有车顶也没有车身，只有光秃秃的一个底盘，就像铁道上的运煤小车或是医院里的病床推车。它的车体上面装有 4 个座位。严格地说，这车是没法"开"的，只能"摇"着走，但它的速度是一般人力车无法比拟的，速度为每小时 48 千米，下坡时可达每小时 80 千米。

FM－4 人力车之所以跑得快，是由于它采用了特殊的传动装置，车上 4 个座位前方各有一个手摇柄，左前方位置为驾驶座。驾车者只需前后摇动手柄即可启动车子。车上 4 名乘客都得出力，需要同时摇动手柄，才能给车子提供足够动力。如果车上只有一人，不用担心动力不够，因为载重轻了，照样可以跑得快。

美中不足的是这款车没有专门的方向盘，只能靠"人力制动"，前排乘客可左倾右斜地控制车子的行进方向，后排乘客则没有"话语权"。车子是通过前排驾驶者偏转身体姿势而转向的，前排驾驶者身体统一向左或右倾斜的时候，就会驱动前转向轮拐弯。所以，驾驶FM－4 人力车需要一定的技巧，驾驶者必须通过培训才能"摇"车上路。

FM－4 人力车还可以使用电力作为补充。车子底盘可装备不同种类的电池。不仅年轻人可驾驶它，老年人也能轻松操作这辆车。这款人力车的设计者表示，在该款人力车的车顶和车上还将安装电脑、通信设备、音响、全球定位系统（GPS）和载入生物特征数据，使其功能现代化。为了加强人力车的安全性能，还准备安装气囊。

FM－4人力车的底盘

三　人力车的未来

20世纪30年代出现过一种"自行轿车"，它是一种靠人踩踏板行进的轻便人力车，它正是"维罗车"的祖先。"自行轿车"是由于第二次世界大战时期汽油供给困难而诞生的，战后，由于燃油大量生产，燃油汽车大量普及，"自行轿车"退出了交通工具的舞台。

在能源紧张的今天，人力车由于不消耗燃料，又不会污染环境，因而又被人们所关注，人力车大有"复出"的可能。

2008年，来自哥伦比亚的山姆·维特汉姆以超过128.9千米/时的速度驾驶人力车，而获得了美国内华达州的"世界人力速度挑战赛"大奖。第一届"世界人力速度挑战赛"开始于 2000 年，维特汉姆的成绩为选手参赛史上最佳。在这项比赛中，选手们谁能驾驶人力车在至少一个小时的时间内保持最高速，谁就获胜。维特汉姆获奖后说："人力车的效率能高到不可思议的地步。"

有人设计了一种人力车的机械储能装置，将重力势能和惯性动能通过控制钢丝和齿轮变速机构带动绞轮绞紧钢绳，钢绳带动定滑轮和动挡圈位移，使主弹簧被压缩而储能。而其释能方法是通过控制钢丝解除齿轮间的自锁而将其能量释放，驱动主轴旋转。该装置存储能量大，能量转化率高，储能释能时操作灵活方便，所储能量可使人力车乘者不做功行驶 155 米以上，在 30°坡路上可行驶 50 米以上。这样，可使骑车人在行驶中有一定的休息时间恢复体力，不储能或不释能时又不影响人力车的正常行驶。这种人力车的机械储能装置由棘轮机构、齿轮变速传动机构、控制机构、滑轮机构和弹簧储能机构组成。

2009 年 9 月 1 日，在武汉的一个路口，一男子怡然自得地躺在自己设计的三轮自行车上，穿街过巷去上班。交警嘱咐他应该走自行车道。原来他和合作伙伴设计了一种人力车，他把这款简易车称为"自行轿车"。

今天的人力车与昔日的"自行轿车"大不一样，实用主义者已经对人力车进行了不少改进，还在人力车上安装可拆卸电池，这样上坡时可以不费力。自然，人力车不同于电力车，人力车可与电力车一比高下。

第五节　人力发电装置

　　要充分利用人体能，就要有将人体动能转化为电能的装置，即人力发电装置。世界各地的科技人员发明了五花八门的人力发电装置，出现了许许多多利用人力发电的新产品。

一　人力发电自行车

　　曾经有位科学家，为了防止女儿因长期呆坐在电视机面前看电视得"电视病"，专门设计了一辆固定的"自行车"，让女儿必须骑在车上不停蹬踏板以驱动发电机，才能保证电视机的供电，想偷懒就看不成电视。

　　要是将这位科学家的想法推而广之，将人力发电自行车安装到健身房、体育训练中心的运动器械上，让健身者和运动员在进行健身活动中，在进行举、压、推、拉、蹬、踢、打、弹跳训练时，通过一套机械装置，带动发电机发电，这样可以产生可观的电力，用来照明，或为家用电器供电。

　　英国一家电视台曾播出了一期特殊的电视真人秀实验节目——"人力发电站"。80 名自行车手奋力蹬车，为实验者的日常生活供电。在离实验的房子不远的一个仓库里，几十部类似"动感单车"的自行车整齐排开，80 名车手轮番上阵，为雪莉一家发电。他们的发电功率最高可达 12 千瓦，足够让四只电热水壶同时工作。一般人骑自行车的速度，大概能发电的功率达 40～50 瓦。但自行车赛车手的骑车速度能发电的功率达 400 瓦，而且可以持续好几个小时。这足够供一把电钻或是一个带 42 英寸屏幕的电子游戏机使用。若要让一个电吹风动起来，需要 18 个人一起蹬车。实验还提供了这样一份日常家用电器的"耗费人力"清单：电视机耗费人力 3 人，吸尘器耗费人力 11 人，电熨斗耗费人力 14 人，洗衣机耗费人力 17 人，烤箱耗费人力 24 人。要是让全世界的成年人都狂踩发电自行车，他们能够产生 80 兆瓦的电力，这几乎相当于 11 个核电站产生的能源。

"人力发电站"里的自行车手

有了人力发电自行车，可以用脚踏底下的踏板产生电力，不仅可以自用，还可通过指纹辨识的身份识别系统，确认身份后，你生产出来的大量电力将可以直接卖给电厂，所得金额会直接汇到你的账户。

二 健身：发电又环保

随着生活水平的提高，人们越来越注重健身了，目前的健身器材大都忽略了对人体能的收集和利用，使这一部分人体能被白白地浪费掉。要是将健身器材稍加改进，配上小型发电装置，让健身者或运动员在锻炼过程中产生的机械能带动发电机发电变成电能，就可供家用电器使用，真是一举两得。

美国俄勒冈州波特兰就有一家环保健身房，健身房的照明能源来自健身者在健身器材上所产生的能量。香港的一个健美俱乐部也试验回收会员们运动所产生的能量，来给健身房照明。

甚至有人设想建造内置健身房的渡轮、游轮，靠乘客踩健身车来发电以提供渡轮、游轮动力，既健身，又为轮船提供了电力，为环保出了力。

环保健身房要配置健身器材，除了跑步机可以发电，还可配置更多的运动充电器，比如拉力充电器、呼啦圈充电器、握力充电器和手柄发电器等。

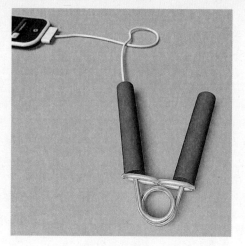

握力充电器

有人设计了"握力充电器"，表面看来只是一个普通的握力器，然而当你不停地捏紧握力器的时候，所产生的动能就会被转换成电能，可给手机充电。既锻炼了身体，又给手机充了电，还达到了环保的目的，一举三得。

手柄发电器原理与旧式手摇电话机相同，可发电 10 瓦，在家里狂做运动，就能驱动洗衣机、电视机和冰箱工作。

要是将现有的健身器械稍加改进，配上小型发电装置，让健身者和运动员在举、压、推、拉、蹬、踢、打、弹跳时带动发电机，就可将自身多余的人体能源转化为有用的电能，供家用电器使用。

三　人体发电的健康监测仪

德国有位工业设计师发明了一种靠人体自身能量供电的穿戴式健康监测仪。它由一个配有传感器的手镯和一枚戒指以及用于测量动脉血氧饱和度血液压力传感器、白领式心电图的传感器、用于监测心脏和呼吸的传感器组成，还配有传感器信号监测的脑电图耳机及一个能采集更精确的心电数据的心电图传感器。它们分别监控体温、血压、脑电波、心率等，主要应用于心脑血管疾病、睡眠失调、高血压、癫痫和中风患者。

穿戴式健康监测仪的每个部分都相对独立，戴它们在身上不同部位，它们独立的能量收集器将人体热能转换成电能，并储存起来，供监测仪用电。

穿戴式健康监测仪的组成

穿戴式健康监测仪的应用

四 "人体电池" 与 "人体发电机"

法国科研人员发明了一种"人体电池"。所谓"人体电池"，就是能把身体运动产生的能量转化成电能的微型装置。这个装置被固定在人的髋部，在髋部运动的作用下，由于惯性，一个质量为50克、两端拴有弹簧的惯性重块在一个10厘米长的圆筒里上下移动，圆筒的内壁上环绕着线圈。重块的运动形成感应电动势，最后被收集起来，形成电流。

这个"人体电池"经反复试验表明，其所产生的电能足够满足各种便携电器的需要。这样，人们可以随时随地使用随身携带

"人体电池"固定在人的髋部以收集人体能

的手机、手提电脑、计算器、全球定位装置等，而不用担心电池会耗尽。对于那些必须随身携带呼吸辅助装置或体内安装了人造心脏膜的患者，这种装置带来的便利就更大了，因为他们再也不用为不断更换电池而操心了。

英国的一位人体运动学专家发明一种"人体发电机"，其原理和"人体电池"相同，在人体腿部安装一个重1.6千克的皮带连着的机械装置，就可以发电。这个"人体发电机"是受到了混合燃料汽车刹车制动时产生的能量再循环利用的启发，并利用了电磁在振荡中产生电流的物理原理制成的。在人体运动时，这个装置就将小腿和膝关节进行有规律的运动所产生的热量转换为电能。

五 从"发电背包"到"发电鞋"

美国一位生物学家发明了一种"发电背包"，背包重约23千克，背包上下移动，会转动背包上方与发动机相连接的一个齿轮装置，带动发电机发电。这个发电背包可通过人在行走时的弹跳发电。一个发电背包可发电15瓦。人们在野外活动时，可用它为手机、随身听、全球定位系统及其他电子产品充电。

人背着发电背包每走一步，臀部就会上下移动，背包也会跟着上下移动，就会将背包垂直运动产生的机械能转化成电能。

穿衬衫这个简单的动作也可以被转化为电能。美国乔治亚理工学院的研究人员发现，纳米氧化锌具备其本体块状材料所不具备的特性，对其进行特殊的设

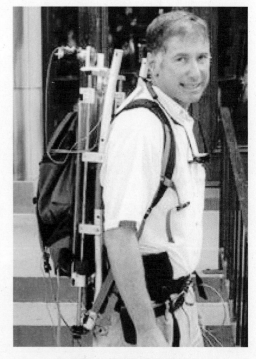

美国人发明的发电背包

计，再配上绝缘性好的新型材料芳纶纤维，可以把机械能转换成电能。这样，穿着这种用特殊材料制成的衬衫，身体的简单动作也可以被转化为电能。

英国科学家还发明了发电鞋，这是一种能发电的步行鞋。将一种微型发电机安装在经过加工的普通鞋底中，人们行走时产生的机械能便可转化为电能，鞋跟发电器可发电 2 瓦，这些电能足够给手机和手提电脑充电。

还有人发明了发电面罩，利用呼吸产生的空气气压来发电，不过就是发电量少了点，发电功率仅为 0.4 瓦，同时具备清洁空气的作用。

六　形形色色的人力发电

人力发电就是将人体运动的动能转化为电能。有关人力发电的设想很多，因而出现了许许多多的人体发电装置。

动作发电机，可发电 1.5 瓦，安置在手肘处，可收集手肘伸直和弯曲时候的动力。

发电披肩，可发电 0.1 瓦，可收集人体发出的热能。如果全身都穿上这种材料会热死，所以只用于肩膀处。

有位运动学家发明了步行能量收集器，这是一个可收集步行散发出的能量的发电装置。这个 3.5 磅（注：1 磅＝0.4536 千克）重的装置被裹在佩戴者的膝盖上进行发电，原理与混合动力汽车循环使用刹车产生能量相同。双膝佩戴能量收集器步行可产生约 5 瓦电力，足以为 10 部手机充电，丝毫不影响佩戴者迈步行走。

发电足球是哈佛大学天之骄

步行能量收集器

子们头脑风暴的产物，当它被踢、被踹、颠簸地飞翔在空中时都能产生电能，效率还非常高：踢上 15 分钟就能让一个小灯泡亮 3 个小时，非常适合电力短缺的贫困地区。

如果把改装后的"人体电池"和"人体发电机"放到脚下，那么就可以有更多的用途。荷兰的鹿特丹市有一个"绿色"夜总会，修建了一个在弹性材料上的舞池，可以收集跳舞者的人体能，使之转变成电能，能为室内的照明系统和音响设备提供大部分的电能。

这些人体发电装置打开了人体能的应用空间，人们可以有信心地说：人体能大有可为！

第六节　开发"人群电场"

新科技可以带来许多新概念，"人群电场"就是伴随着人体能这种新能源的应用而出现的一个新概念。

一　什么是"人群电场"

"人群电场"这个概念是由美国麻省理工学院的两名学生首先提出的，他们设计了一种地板发电系统，可以在火车站、舞厅、商场等人流集中的地方收集人们走路、跳舞以及跳跃等运动产生的机械能，并将其转化成电能。他们称这种发电形式为"人群电场"。

美国麻省理工学院的两名学生设计的地板发电系统是由很多木块交错组成的，人们走路时会对地板产生压力，从而使与木块相连的摇杆也被压下。摇杆从一个方向带动中心轴旋转，从而将机械能转化成电能。当众多行人连续在地板上行走时，摇杆不断被压下，使中心轴不停地转动发电。这种装置安装在大街、商场、火车站等处，所发出的电可以用来照明和驱动电风扇。

人群聚集的地方可开发"人群电场"

根据实验测量，通过地板发电系统，每个人每行走一步所产生的电力大约只能支持一个 60 瓦的灯泡闪一下，但是如果收集 28527 步产生的能量，就足以推动一辆火车移动一秒。

现在，地板发电系统形式多种多样，但原理都是一样的，都是将人们走路时释放的人体能转变成电能，加以利用。

二　人体能量收集器

商场、宾馆、办公大楼是人们集中活动的场所，也是人体能集中散发的场所。商场、宾馆、办公大楼的门口，人群川流不息，进出的人们都要通过旋转门。有人就打起了旋转门的主意，科技专家想利用旋转门来发电。

让旋转门来发电

一些大商场，每天进进出出的人成千上万，一些大饭店、宾馆，来往的旅客也川流不息。人们都要用手去推动旋转门，别小看这"推门之劳"的能量，要是把许许多多人的人体能利用起来，让旋转门来发电将是一种不可低估的能量源。

美国桑托斯公司的超级市场出入口处就装有能利用人体能的转动门，该超级市场在旋转门下建造了一个地下室，安装了人体能量收集器。所谓能量收集器，其实相当于机械手表中的发条，发条拧紧后，就会通过棘轮稳定恒速地释放能量，使手表得到动力。

能量收集器和旋转门的轴相连，通过变速机构和发电机的轴相连接，当能量收集器开始释放能量时就能带动发电机发电。这样，进出转动门的顾客在推动门时的人体能被收集起来，并转化为电能，可为公司提供照明、打字、电梯、空调等用电，每年可以为该公司提供很大一部分电力。

英国也有一家超级市场安装了特制的推动门，这种门在人的不停

的推动下转动，它产生的机械能先被收集起来，再通过一定的设备转
化成电能，所产生的电能可以供公司的日常用电。

三　可发电的地板

2010 年上海世博会上，日本馆是一个热门展馆，日本馆内有种
地板奥妙无穷，人在上面走两步就能发电。

这是一种发电地板，依靠体重和脚步给地板带来持续压力和摩擦
力，然后转化成电能。每踩一下地板，发电 0.1 瓦，能点亮周围 50
至 100 个发光二极管灯泡。与发电地板类似的技术曾在日本东京部分
地铁站试用过，人潮滚滚而来，电力源源不断。

东京街头的发电地板

人走路产生的能量是机械能。这是人体产生的生物能，可以通过
多种形式转换成电能。电能可以直接使用，也可以用蓄电池储存起来
做备用。

美国佛罗里达州的一位工程师，将一种发电装置安置在行人拥挤

的商场和火车站等处的地毯下面。这种发电装置上面是一排踏板，当行人踏在上面时，体重的力量使与它相连的摇杆也被压下，摇杆从一个方向带动中心轴旋转，中心轴与发电机轴相连，从而带动发电机发电。当有许多行人连续在踏板上行走时，摇杆不断被压下，中心轴就不停地旋转，产生电能，所发出的电可以用来照明和驱动电风扇。

发电地板可以装在舞池里，成为舞池地板。伦敦一家环保酒吧直接在舞池地板埋设电能采集器，利用舞者在舞池的舞步来发电。

发电地板有广阔的应用前景，将来，在人潮最多的地方比如车站，大量广泛埋设发电地板或电能采集器，就可以广泛使用人力来发电，这不会只是梦想。

四　发电马路

发电地板铺在马路上，就成了发电马路。

在美国纽约的一条繁华马路上，曾铺设了一条能发电的道路，它是由 20 块比路面稍高的金属板组成的发电马路。

这条发电马路的发电地板很特别，它是一种金属板。在每块金属板下面放置一个橡皮容器，容器内存满了可循环的水。当汽车或人群在金属板上经过时，压迫金属板，使板下容器内的水被高速挤出，该高速水流经地下管道，通往设在路旁的发电机房，驱动水轮发电机发电。冲击水轮机的水最后仍回到橡皮容器内。如此往复循环，就能源源不断地发电。据测量，有上百人或5

发电马路

吨重的汽车在上面经过，就可产生 7 千瓦的电能。

　　有位工程师利用压电材料会产生微弱电流的原理，发明了压电地砖。压电地砖是一种另类发电地板。这种特殊的地板一共有六层结构。当路人的脚踩在压电地砖上时，能将脚压马路释放的能量转化成电能蓄积起来。

　　压电地砖中的压电转换装置会使动能直接转化为电能，再将电能存储到中心蓄电池中去备用。该中心蓄电池与成千上万块压电地砖相连，它所收集到的电能可满足附近的路灯和交通信号灯使用。

压电地砖

第三章
洁净煤与煤气化

八百多年前的一天，一位高鼻子外国人在中国北方地区旅行，他看见当地居民用一种"黑石头"作为燃料，十分奇怪，拿起"黑石头"看了又看，不知所以然。这位高鼻子外国人就是13世纪的意大利旅行家马可·波罗，他在中国旅行时看见一种乌黑的矿石可以燃烧，不知所解，在他著作的《马可·波罗游记》中对此事进行了专门记述。

被马可·波罗称为"黑石头"的就是今天常见的煤炭。2000多年前中国人就发现并使用煤炭，13世纪

马可·波罗

时的中国人把这种"黑石头"作为燃料使用。到了近代，才被另一种矿物燃料石油所替代。但由于石油资源日渐枯竭，而煤炭资源储量巨大，煤炭又成为人类无法替代的能源之一。

利用煤炭这类矿物能源有一个问题：煤炭燃烧时会带来各种污染，特别是煤炭燃烧时排放出的二氧化硫，是大气污染的元凶之一。

煤炭资源使用和开采需要精打细算，洁净煤技术、煤气化技术、无人采煤技术和秸秆煤技术应运而生，给煤炭资源的开发、利用指引了方向。

2010年4月19日发布的《国家电网公司绿色发展白皮书》中，把推动清洁能源大规模、集约化发展，推动煤炭资源清洁有效利用，推动电力资源节约高效利用，作为国家电网推进绿色发展的战略重点，以应对生态环境和气候变化的双重挑战。

第一节　洁净煤技术

煤炭资源开采过程中会污染环境，煤炭开采破坏了地壳内部的平衡状态，引起地表塌陷，使原有生态系统受到破坏，原有土地收益减少或丧失，同时也造成地表水利设施的破坏和生态环境的恶化。而且，煤炭开采过程中，与煤系共生、伴生的矿产没有被利用，造成资源浪费。

一　从 "伦敦烟雾事件" 说起

伦敦烟雾事件是 1952 年 12 月 5 日至 9 日发生在英国首都伦敦的一次严重大气污染事件。这次事件造成 4000 多人因为空气污染而丧生。伦敦烟雾事件的直接原因是燃煤产生的二氧化硫和粉尘污染，间接原因是开始于 12 月 4 日的大气污染物蓄积。

当时，伦敦冬季多使用燃煤采暖，市区内还分布有许多以煤为主要能源的火力发电站。煤炭燃烧产生的二氧化碳、一氧化碳、二氧化硫、粉尘等污染物在城市上空蓄积。燃煤产生的粉尘表面会吸附大量水分，

伦敦烟雾事件

成为形成烟雾的凝聚核，这样便形成了浓雾。

另外，燃煤粉尘中含有三氧化二铁成分，可以催化另一种来自燃煤的污染物二氧化硫的氧化，生成三氧化硫，进而与吸附在粉尘表面的水化合生成硫酸雾滴。这些硫酸雾滴吸入呼吸系统后会产生强烈的刺激作用，使体弱者发病甚至死亡。

煤炭燃烧产生的排放物中，含有许多危害人体健康的物质。据测定，燃烧 1 吨煤，大约排放 3.5 吨二氧化碳、60 千克二氧化硫、3~9 千克二氧化氮、2 千克一氧化碳、9~11 千克粉尘。其中，一些大颗粒粉尘很快落到地面，成为"落尘"；而颗粒小的则成为"飘尘"，在大气中飘浮。

煤炭燃烧产生的烟尘是燃烧不完全的产物，含有多种有毒重金属，对人和动植物有严重的危害性。煤烟中的二氧化硫、二氧化氮对环境有危害作用，它们在空气中和水蒸气结合，形成硫酸、硝酸，成为酸雨、酸雾。酸雨、酸雾被人们称为"空中死神"，直接危害人体健康，它们就是 1952 年伦敦烟雾事件的元凶。

烟雾污染事件不仅发生在伦敦，在其他国家的一些工业城市也发生过。美国西海岸工业城市洛杉矶从 20 世纪 40 年代开始，每年夏秋季节就会出现浅蓝色烟雾，使整个城市的天空迷雾一片。1955 年，洛杉矶市有 400 多位老人因呼吸道疾病而死亡；1970 年全市流行红眼病，那是工业废气和汽车尾气肇的祸。

二　洁净煤技术的产生

煤炭燃烧时排出的二氧化碳、一氧化碳、二氧化硫、粉尘等气体与污染物是大气污染的元凶，是破坏环境的杀手。能不能让煤炭燃烧时不排放、少排放污染物呢？能不能使用煤炭能源又不会污染环境呢？回答是肯定的。

20 世纪 80 年代初期，美国和加拿大为了解决两国边境酸雨问题进行双边谈判，提出了洁净煤技术概念，简称 CCT。所谓洁净煤技术，是从煤炭开采到利用的全过程中，旨在减少污染排放与提高煤炭利用效率的加工、燃烧、转化及污染控制等的新技术。

　　洁净煤技术的产生是为了解决煤炭燃烧后带来的污染问题。美国和加拿大的技术专家倡导的洁净煤技术被世界许多国家所接受。现在，世界各国都十分重视洁净煤技术的开发和应用。

　　洁净煤技术包括煤炭利用各个环节的净化技术，主要分为燃烧前的净化技术、燃烧中的净化技术、燃烧后的净化技术。经过 20 多年的发展，国外的洁净煤技术有了长足的进步。通过应用洁净煤技术，煤炭生产企业可以在经济上增加盈利，煤矿周边环境由此得到改善，实现经济增长和保护环境协调发展。

　　我国是烧煤大国，70％以上的能源依靠煤炭，大力发展洁净煤技术对我国有更重要的意义。

你知道吗

洁净煤技术

　　洁净煤技术是旨在减少污染和提高效率的煤炭加工、燃烧、转化和污染控制等新技术的总称，包括洁净生产技术、洁净加工技术、高效洁净转化技术、高效洁净燃料与发电技术和燃煤污染排放治理技术等。

三　燃烧前的净化技术

　　中国有句古语：防患于未然。要使煤炭燃烧时不排放、少排放有害气体与污染物，需要对煤炭在燃烧前进行净化处理。煤炭燃烧前净化处理要比燃烧中、燃烧后的净化处理更经济和方便。

　　煤炭燃烧前净化处理的方法主要有煤炭洗选、型煤加工、水煤浆加工等几种。

　　煤炭的洗选是在选煤厂中进行的，洗选处理由以下主要工艺组成：首先是对原煤的分选，包括原煤的接收、储存、破碎和筛分；再进行脱水，包括对块煤、末煤和煤泥进行脱水处理；然后利用热能对煤进行干燥；最后，对煤泥水进行处理。

煤炭洗选的作用：一是提高煤炭质量，减少燃煤污染物排放；二是提高煤炭利用效率，节约能源；三是优化产品结构，提高产品竞争能力，满足市场要求。此外，可以减少运力浪费。由于我国的产煤区大多远离用煤多的经济发达地区，煤炭的运量大，运距长，通过煤炭的洗选处理可以大幅度减少运力浪费。

型煤加工是指用机械方法对煤进行加工，使其成为有一定粒度和形状的煤制品。型煤加工具体工艺过程是用型煤加工设备将块状、粒状煤粉碎成3毫米以下的煤粉末，然后输送至搅拌机，将物料与黏合剂搅拌均匀，再输送至压球机。经过压球机压过，煤粉末成为煤球团，再输送至烘干机。烘干后的煤球团直接输送至仓库或者运输车上，可以方便地进行运输和储存。

四　燃烧中的净化技术

煤炭在炉子里燃烧，烈火熊熊。煤炭燃烧时也可以进行净化处理。煤炭燃烧中的净化技术主要是流化床燃烧技术。

流化即流体化，让煤炭在流化床燃烧。所谓流化床燃烧，是

大型循环流化床技术设备

指燃料在流化态下进行燃烧。流化床燃烧方法是把煤和吸附剂石灰石加入燃烧室的床层中，从炉底鼓风，使床层悬浮，进行流化燃烧。

固体的煤炭和石灰石怎么能流化呢？

原来，在流化床燃烧时，炉底鼓风机产生的强劲气流在通过燃烧室的煤炭和石灰石层时，由于气流力量能够克服固体燃料的自重，煤炭便变得像流体一样能够流动了，原来高低不平的界面，变成一个流动的水平面。固体燃料煤炭就这样被流体化了。

在加大气流流速时，气流会在已经流化的固体燃料中形成气泡。当气泡上升到流化的固体颗粒界面时，气泡就会穿过界面而破裂。这种现象就像水在沸腾时，气泡穿过水面而破裂一样。所以，这样的流化床又称为沸腾床。

要是进一步加大气流流速，燃料颗粒就会被气流带走。这就要通过设置分离器，把被气流带走的燃料颗粒收集起来，送回燃烧室循环燃烧。这样的流化床称为循环流化床。

为了进行流化床燃烧，需要把煤和石灰石等脱硫剂同时送入燃烧室燃烧。这样，煤炭燃烧产生的二氧化硫可以在燃烧过程中和脱硫剂进行化学反应，并被固定，就不会向大气中排放了。所以，采用流化床燃烧技术可以大幅度减少二氧化硫的排放量。

 你知道吗

流化床

流化床是固体颗粒燃烧的一种床层的状态，当空气自下而上地穿过固体颗粒随意填充状态的料层，而气流速度达到或超过颗粒的临界流化速度时，料层中颗粒呈上下翻腾，如果再进一步提高流体速度，床层将不能维持固定状态，颗粒全部悬浮于流体中，显示出相当不规则的运动。随着流速的提高，颗粒的运动愈加剧烈，床层的膨胀也随之增大，但是颗粒仍逗留在床层内而不被流体带出。床层的这种状态和液体相似，所以称为流化床。

五 燃烧后的净化技术

煤炭燃烧后进行净化处理，是否是"马后炮"？

不是！中国还有句古语：亡羊补牢，未为晚也！煤炭燃烧后会排放二氧化硫等有害气体与污染物，对这些有害气体与污染物可以进行"善后处理"，燃烧后的净化技术主要是烟气净化。

所谓烟气净化，就是对煤炭燃烧后产生的烟气采取除尘、脱硫和脱氮氧化物等措施，使排放的烟气中的污染物含量达到有关标准要求。

1927 年，英国为了保护伦敦高层建筑，在泰晤士河河岸的两家电厂采用石灰石脱硫工艺，进行烟气净化。烟气净化主要是脱硫，即从煤炭燃烧或工业生产过程排放的废气中去除硫氧化物的过程。

烟气脱硫方法有多种，按吸收剂及脱硫产物在脱硫过程中的干湿状态，又可将脱硫技术分为湿法、干法和半干（半湿）法。

湿法烟气脱硫技术是用含有吸收剂的溶液或浆液淋洗煤炭燃烧后产生的烟气，在湿状态下脱硫和处理脱硫产物。湿法烟气脱硫具有脱硫反应速度快、设备简单、脱硫效率高等优点，存在的问题是腐蚀严重、运行维护费用高及易造成二次污染等。

干法烟气脱硫技术是让脱硫吸收和产物处理均在干状态下进行，它是用浆状脱硫剂（石灰石）喷雾与烟气中的二氧化硫作用，生成硫酸钙，水分被蒸发，颗粒状硫酸钙可用集尘器收集。该法具有无污水废酸排出、设备腐蚀程度较轻、烟气在净化过程中无明显降温、净化后烟温高、利于烟囱排气扩散、二次污染少等优点，但存在脱硫效率低、反应速度较慢、设备庞大等问题。

半干（半湿）法烟气脱硫技术是指脱硫剂在干燥状态下脱硫、在湿状态下再生，或者在湿状态下脱硫、在干状态下处理脱硫产物的烟气脱硫技术。半干（半湿）法烟气脱硫技术既有湿法脱硫反应速度快、脱硫效率高的优点，又有干法脱硫无污水废酸排出、脱硫后产物易于处理的优势，所以，这种脱硫技术受到人们关注。

现在大多数国家采用燃烧后烟气脱硫工艺，并以湿式石灰石（石灰浆）法脱硫工艺作为主流。

第二节　液态煤——水煤浆

　　煤有块状、颗粒状、粉末状，它们都是固体形态。煤也有液态的，水煤浆就是液态煤。水煤浆是一种新型洁净环保燃料，既保留了煤的燃烧特性，又具备了类似重油的液态燃料的燃烧特点，实际上，水煤浆是一种现实的洁净煤。

一　什么是水煤浆

　　水煤浆是一种新型、高效、清洁的煤基液态燃料，是一种类似于石油的新型能源，是煤的另一种状态。它的外观像油，具有油的流动性，它也是一种新型洁净环保燃料，它的出现改变了煤的传统燃烧方式。

水煤浆

　　水煤浆燃烧效率高，其热值相当于燃料油的一半，2吨水煤浆约等于1吨石油的热值，可代替燃料油，用于锅炉、电站、工业炉和窑炉，具有燃烧效率高、负荷调整便利、减少环境污染、改善劳动条件和节省用煤等优点。

　　由于水煤浆具有较好的流动性和稳定性，可以像油一样管道输送、贮存，便于运输和储存，也可像油一样雾化燃烧，因此是一种低污染、高效率、较廉价的洁净燃料。

尤其是环保水煤浆，采用废物资源化的技术研制成功，可以在不增加费用的前提下，大大提高水煤浆的环保效益。

在我国丰富煤炭资源的保障下，水煤浆已成为替代油、气等能源的最基础、最经济的洁净能源。

水煤浆采用洗选加工后的精煤制备而成，灰分含量、硫分含量小，因此燃用水煤浆的环境质量优于燃重油。并且由于水煤浆燃烧时火焰中心温度比燃油和燃煤粉低 $150\sim200℃$，能有效抑制二氧化氮等有害气体的生成。水煤浆在储存、运输过程中也不污染环境，不易燃、不易爆，安全可靠，而且水煤浆加工成本低。所以，水煤浆是洁净煤技术的重要组成部分，是一种燃烧效率较高和低污染的廉价洁净燃料，可缓解石油短缺的能源安全问题。

二　水煤浆是怎样生产的

煤不溶于水，固态煤怎么会变成液态的水煤浆呢？

原来这是分散剂起的作用。分散剂是一种在分子内同时具有亲油性和亲水性两种相反性质的表面活性剂，用它两端的亲水基和亲油基让固态煤和水结合在一起，并可均匀分散那些难溶解于液体的无机、有机固体颗粒，也能防止固体颗粒的沉降和凝聚，形成稳定的悬浮液。

为什么要用分散剂呢？因为煤和水一个是非极性的，一个是极性的，两者是不可能溶合在一起的，而煤和水通过分散剂，在一种叫做球磨机的设备里面研磨，就溶合在一起制成黏稠的流动浆体，出来的产品就是初级水煤浆了。

初级水煤浆经过过滤器过滤，再加稳定剂改善它的稳定性和流变性，最后通过均质罐的均质熟化就成了成品水煤浆。

生产水煤浆的煤宜选用易洗、低灰分、高挥发分、低黏结性的煤种。因为低灰分的煤表面有较为均匀的物理化学性质，且制浆容易，浆液热值高。

生产水煤浆的设备

生产水煤浆所用的添加剂主要有两大类：一类是分散剂，另一类是稳定剂。添加剂的性能直接影响到水煤浆的浓度、黏度、稳定性、贮运、燃烧效果及生产成本。

三　水煤浆的发展前景

水煤浆技术出现于 20 世纪 70 年代，当时世界上出现石油能源危机，人们认识到石油天然气作为清洁能源，并不是用之不竭的，丰富的煤炭资源是长期可靠的主要能源。然而，传统的燃煤方式造成严重的环境污染，于是出现了煤炭液化和浆化应用的研究。水煤浆这种高效、清洁的煤基液态燃料就是这样出现的。

我国煤炭资源丰富，国内的燃料在相当长的时期内要依靠煤炭，我国的煤炭资源分布集中在山西、陕西及内蒙古西部。产煤区生产的煤炭要运送到全国各地，我国长期存在北煤南运、西煤东调的格局，煤炭运输问题突出。所以，水煤浆技术受到了国家的重视，国家把水煤浆作为一个战略问题来考虑。

为了鼓励发展水煤浆技术，我国先后出台了一系列的政策。国家把发展水煤浆技术列为能源领域重点发展技术之一。从 20 世纪 80 年代末至今，我国共引进多套水煤浆气化装置，用于生产合成气。经过二十多年的实践探索，我国在水煤浆气化技术方面积累了丰富的操作、运行、管理与制造经验，气化技术日趋成熟与完善。经过长期科技攻关，在水煤浆气化领域形成完整的气化理论体系，研究开发出拥有自主知识产权，达到国际领先水平的水煤浆气化技术。我国开发和应用水煤浆技术的前景十分美好。

我国自主开发的水煤浆气化装置

你知道吗

水煤浆

水煤浆是用一定粒度的煤与水混合成的稳定的高浓度浆状燃料，它是将煤研磨成细微的煤粉，煤与水按质量7∶3的比例混合，并加入微量的分散剂和稳定剂，使其在一定期限内保持不沉淀、不变质，可作为重燃料油的替代燃料。

水煤浆中，煤大约占65％，水占34％，添加剂占1％。它具有低污染、高效率、可管道输送等优点。它改变了煤的传统燃烧方式，显示出了巨大的环保节能优势。尤其是近几年研制成功的环保水煤浆，可以在不增加费用的前提下，大大提高水煤浆的环保效益。在我国，水煤浆已成为替代油、气等能源的最基础、最经济的洁净能源。

第三节 人造煤——秸秆煤

一 人造煤的问世

煤是一种常见的化石燃料，家庭用煤经过了从煤球到蜂窝煤的演变。

最初煤炉里烧的是煤块，后来，人们把煤粉加工成略大于乒乓球的球体，成为煤球；再后来，人们把煤粉加工成圆柱体，并在圆柱体内打上一些孔，成为蜂窝煤，这样可以增大煤的表面积，使煤能够充分燃烧，减少资源的浪费。

蜂窝煤

蜂窝煤是用黑煤制成的蜂窝状的圆柱形煤球，它的材质还是煤。自然界中的煤是由植物残骸经过复杂的生物化学作用和物理化学作用转变而成的。在距今2亿多年前的古生代时期，由于地壳运动使得树木等植物沉落沼底，被土石覆盖，在承受漫长压力和地热作用下逐渐变化成现今的煤炭。

虽然煤球和蜂窝煤经过加工，但不是真正意义上的人造煤。秸秆煤的出现才是人造煤的问世。

秸秆煤不仅外表像煤块一样乌黑，质地也像煤，它是在短时间内迅速变成的"煤"，而原本的煤在自然界中需要经过数百万年乃至几亿年才能形成。

国际能源机构的有关研究表明，秸秆是一种很好的清洁可再生能源。

秸秆煤

由于秸秆被晾晒风干压制成块状后，密度大幅度增加，每立方米重达 1 吨以上，它像压缩饼干一样，看似小，里面蕴藏的能量却很大。每千克秸秆煤发热量可达到普通煤块的 90％，完全可替代天然煤炭成为工业及生活燃料。

二 前景广阔的秸秆煤

秸秆煤是可使作物秸秆得到充分有效利用的成形煤，具有以下特点：

第一，秸秆煤是一种清洁能源，燃烧性好，发烟少，放出的二氧化硫少，堪与一般燃料媲美，而且可以减少环境污染。

第二，秸秆煤是一种可再生能源，它以作物秸秆和劣质煤为基本原料，农作物秸秆、树叶、枯枝、锯末、杂草等一切可燃的生物质，都可作为秸秆煤的原料，遍地都是，永不枯竭，而且都是废料利用，价廉易得，变废为宝。

第三，制作秸秆煤技术要求不高、制作成本低廉。秸秆煤成形时不需加热、不用黏结剂，既节能，又有利于降低成本。秸秆煤的原料成本几乎为零；制作设备投资不大，操作简便，农村闲散劳动力经简单培训即可上岗，人力成本非常低廉。制得的成形煤具有耐水性，贮运方便。

第四，秸秆煤的应用范围很广。秸秆煤块、颗粒秸秆煤使用方便，乡村企业、农村家庭都适用；燃烧效果好，做饭、取暖、洗浴都需要，尤其是生物质发电厂的必需品；点燃性好，使用方便，用途和普通煤球、蜂窝煤一样可用作家庭燃料。

第五，秸秆煤兼具环保效益和经济效益，将秸秆变废为宝，既为农民增加了收入，也保护了环境，且能得到国家政策的大力支持。所以，生产秸秆煤块和颗粒秸秆煤无风险、利润大，必然获得意想不到的丰厚回报！

随着秸秆煤块、颗粒秸秆煤技术和设备的问世，秸秆煤这种可燃生物质的转化利用有了最好的途径，必将有着广阔的市场前景！

你知道吗

秸秆煤

秸秆煤是用人工的方法制造的人造煤。把废弃的秸秆、野草、锯末等植物切成碎末，经过充分发酵，经过块煤机压制成块，再经过晾晒风干，变成表面乌黑的煤块，这就是秸秆煤。

秸秆煤制作可以利用一种秸秆联合收割机，把田间秸秆进行清理、收割，再把它们碾碎、成形，压缩成颗粒，就可用来制成秸秆煤。

第四节　煤炭气化技术

　　煤炭燃烧，无论怎样进行处理，是燃烧前进行净化，还是燃烧中、燃烧后进行净化处理，总会或多或少排放出有害气体与固体污染物，从而污染环境。

　　要使煤炭成为清洁能源，最有效的办法是煤炭气化，让能燃烧的"黑石头"变为能燃烧的煤气。经过一百多年的发展，从早期的单段炉煤制气到现代的双段炉煤制气，煤炭气化技术发展成熟，已经有上百种工艺技术。

一　生产煤气的炉子

　　1856 年的一天，西门子取得了蓄热室炉的专利，这种蓄热室炉是用块煤生产煤气的炉子。但他不满足于蓄热室炉的专利，再接再厉，又在 1864 年将蓄热室炉用于反射炉炼钢，称西门子炼钢炉，也就是平炉。

　　西门子炼钢炉的发明意义重大，在西门子炼钢炉的基础上出现了平炉炼钢法。

　　同在 1864 年，法国人马丁利用蓄热室炉的火焰炼钢，他把废钢、生铁

西门子—马丁炉发明人——马丁

投入蓄热室炉，成功地炼出了钢液，从此发展了平炉炼钢法。所以，这种炼钢法又称为平炉炼钢法。在欧洲一些国家又把西门子炼钢炉称为西门子－马丁炉或马丁炉。

平炉炼钢法可大量利用废钢，同时对铁水成分的要求不像转炉那样严格，可使用普通生铁炼钢；此外，平炉能炼的钢种多，质量较好。因此，平炉炼钢法问世后就被各国广泛采用，成为世界上主要的炼钢方法。

中国第一座炼钢平炉

1890年，中国江南制造局制造出中国第一座炼钢平炉。中华人民共和国成立后，修复、改造原有的平炉，并建设了新的大中型平炉。

二 煤气化的奥秘

煤气化是指煤在特定的设备内，在一定温度及压力下使煤中的有机质与气化剂空气或氧气等发生一系列化学反应，将固体煤转化为可燃气体和二氧化碳、氮气等非可燃气体的过程。

煤炭气化必须具备三个条件：气化炉、气化剂、供给热量，三者缺一不可。煤炭气化过程是煤炭的一个热化学加工过程，它是以煤或煤焦为原料，以氧气或空气、水蒸气作为气化剂，在高温、高压下通过化学反应将煤或煤焦中的可燃部分转化为可燃性气体的工艺过程。

煤气化时所得的可燃气体

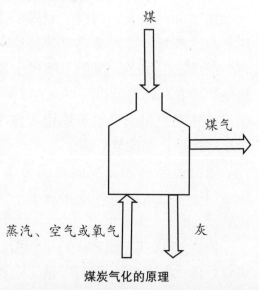

煤炭气化的原理

成为煤气，作化工原料用的煤气一般称为合成气。合成气除了以煤炭为原料，还可以采用天然气、重质石油组分等为原料。进行气化的设备称为煤气发生炉或气化炉。

煤气发生炉是将固体燃料煤或焦炭，经过气体热加工过程，即用氧气或氧化合物通过高温的固体燃料煤或焦炭层，其中起氧化作用的空气、水蒸气称为气化剂，生成含有氢气、一氧化碳及甲烷等的混合气体称为煤气。

煤气可以分为以空气为气化剂的空气煤气、以水蒸气为气化剂的水煤气、以空气和水蒸气为气化剂的混合煤气三种。

煤炭气化包含一系列物理、化学变化，分为干燥、热解、气化和燃烧四个阶段。干燥属于物理变化，随着温度的升高，煤中的水分受热蒸发。其他阶段属于化学变化，燃烧也可以认为是气化的一部分。

煤在气化炉中干燥以后，随着温度的进一步升高，煤分子发生热分解反应，生成大量挥发性物质，包括干馏煤气、焦油和热解水等；同时，煤热解后形成的半焦，在更高的温度下与通入气化炉的气化剂发生化学反应，生成以一氧化碳、氢气、甲烷及二氧化碳、氮气、硫化氢、水等为主要成分的气态产物，即粗煤气。

三　煤气化工艺

不同的煤气发生装置中煤炭气化原理是一样的，都是在煤气发生炉里发生一系列物理、化学变化，包括干燥、热解、气化和燃烧。但是，煤炭气化方法和技术却多种多样。

按照生产装置化学工程特征，煤气化工艺有以下几类：

一是固定床气化法，也称移动床气化法，一般以块煤或焦煤为原料，原料从煤炭气化炉顶加入，气化剂从炉底加入。流动气

煤气发生炉

体的上升力使固体颗粒处于相对固定状态，床层高度亦基本保持不变，因而称为固定床气化法。固定床气化技术简单、可靠，气化过程完全，使热量得到合理利用，因而具有较高的热效率。

二是流化床气化法，又称为沸腾床气化法，以小颗粒煤为气化原料，这些细颗粒煤在自下而上的气化剂的作用下，保持着连续不断和无秩序的沸腾和悬浮状态运动，并迅速地进行着混合和热交换。流化床气化法可直接使用小颗粒碎煤为原料，也可用高灰劣质煤作原料。所以，流化床气化法得到迅速推广和发展。

三是气流床气化法，原料形态有水煤浆和干煤粉两类，前者是先将煤粉制成煤浆，用泵送入气化炉；后者是通过气化剂将煤粉夹带入气化炉，在高温下气化，残渣以熔渣形式排出。在气化炉内，煤炭细粉粒经特殊喷嘴进入反应室，会在瞬间着火，直接发生火焰反应，其热解、燃烧以吸热的气化反应几乎是同时发生的。气流床气化法的特点是气化炉反应温度高，原料粒径小、在气化炉内停留时间短。气流床气化通常在加压和纯氧下运行。

煤气化是洁煤技术的重要组成部分，它将廉价的煤炭转化成为清洁煤气，既可用于生产化工产品，也可用于煤的直接与间接液化、联合循环发电和以煤气化为基础的多联产等领域。

四　各种各样的煤气

煤气是以煤为原料制取的气体燃料或气体原料，煤气的成分有一氧化碳、甲烷、氢气、氧气、二氧化碳、烃类、少量硫化氢等，其中，一氧化碳、甲烷、氢气是可燃气体。

煤气化技术生产出的煤气种类很多，根据加工方法、煤气性质和用途分为以下几类：空气煤气、水煤气、半水煤气，这些煤气的发热值较低，故又统称为低热值煤气。

空气煤气又称发生炉煤气，根据生产装置不同，又分为两种：单段发生炉煤气和双段发生炉煤气。后者是在单段煤气炉的基础上改进而成的，在其上部加上一个干馏段，将进入下段的煤在气化前进行初步的焦化，所以上部所产煤气类似焦炉煤气，热值较高。下部类似燃烧焦炭的单段煤气炉，所产煤气含焦油很少。

水煤气是由蒸汽与灼热的无烟煤或焦炭作用而得，主要成分为氢气和一氧化碳，也含有少量二氧化碳、氮气和甲烷等。主要用作合成氨、合成液体燃料等的原料，或作为工业燃料气的补充来源。

半水煤气是一种以焦炭或煤为原料制造的工业煤气，其可燃成分主要是氢气和一氧化碳，在除去氧、一氧化碳、二氧化碳、硫化物等杂质后，其氢与氮气的体积比为(3.1～3.2)∶1，也是一种合成氨的原料气。

五　煤干馏法与焦炉煤气

煤干馏是指煤在隔绝空气条件下加热、分解，生成焦炭或半焦、煤焦油、粗苯、煤气等产物的过程，它是煤化工的重要过程之一。

将煤隔绝空气加强热使其分解的过程叫做煤的干馏，也叫

煤干馏装置

煤的焦化。按加热温度的不同，可分为三种：900～1100℃为高温干馏，即焦化；700～900℃为中温干馏；500～600℃为低温干馏。

煤干馏过程中生成的煤气主要成分为氢气和甲烷，可作为燃料或化工原料。煤干馏的产物是煤炭、煤焦油和煤气。用煤干馏法得到的煤气称为焦炉煤气，是指用几种烟煤配成炼焦用煤，在炼焦炉中经高温干馏后，在产出焦炭和焦油产品的同时所得到的可燃气体，是炼焦产品的副产品。焦炉煤气成分主要由氢气和甲烷构成，并有少量一氧化碳、二氧化碳、氮气、氧气和其他烃类，主要作燃料和化工原料。

六　煤炭气化应用领域

煤炭气化得到的煤气应用领域十分广泛。

家庭里用的管道煤气是民用煤气，烧煤气与直接燃煤相比，不仅可以明显提高用煤效率和减轻环境污染，而且能够极大地方便人们的日常生活，具有良好的社会效益与环境效益。出于对安全、环保及经济等因素的考虑，民用煤气中的可燃气体含量高，而一氧化碳等有毒气体含量很低。

工厂、企业用的煤气是工业燃气，采用常压固定床气化炉、流化床气化炉制得，主要用于钢铁、机械、卫生、建材、轻纺、食品等部门，用以加热各种炉、窑，或直接加热产品或半成品。

煤气可用于发电，煤在加压下气化，所产生的煤气经净化后燃烧，高温烟气驱动燃气轮机发电，再利用烟气余热产生高压过热蒸汽驱动蒸汽轮机发电。发电的煤气，对热值要求不高，但对煤气净化度，如粉尘及硫化物含量的要求很高。

随着合成气化工和碳一化学技术的发展，以煤气化制取合成气，进而直接合成各种化学品已经成为现代煤化工的基础，主要包括合成氨、合成甲烷、合成甲醇及合成液体燃料等。化工合成气对热值要求不高，主要对煤气中的一氧化碳、氢气等成分有一定要求。

煤气还可作为冶金还原气，利用还原气可直接将铁矿石还原成海绵铁；在有色金属工业中，镍、铜、钨、镁等金属氧化物也可用还原气来冶炼。

此外，利用煤炭气化制氢气，用于电子、冶金、玻璃生产、化工合成、航空航天、煤炭直接液化及氢能电池等领域，目前世界上96％的氢气来源于化石燃料的转化。而煤炭气化制氢气起着很重要的作用，煤炭液化的气源都离不开煤炭气化。

你知道吗

煤气化

　　煤气化是一个热化学过程，指以煤或煤焦为原料，以氧气（空气、富氧或纯氧）、水蒸气或氢气等作气化剂，在高温条件下通过化学反应将煤或煤焦中的可燃部分转化为气体燃料的过程。

　　煤的气化可归纳为五种基本类型：自热式的水蒸气气化、外热式的水蒸气气化、煤的加氢气化、煤的水蒸气气化和加氢气化结合制造代用天然气、煤的水蒸气气化和甲烷化相结合制造代用天然气。

第五节　无人采煤技术

一　从矿难事故说起

　　自古以来，煤炭就成了人类重要的能源。然而，采煤又苦又累，还充满危险。世界各地煤矿常常发生矿难事故。

　　造成煤矿矿难事故的原因很多，主要是一些煤矿只追求煤炭产量，只注重经济效益，忽视了安全生产，导致矿难事故发生，造成煤矿工人不幸遇难。

煤矿矿难事故多种多样，有瓦斯爆炸、矿坑塌陷、矿井淹没等，每次煤矿矿难事故都会造成重大的经济损失以及煤矿工人的伤亡。矿难事故之所以发生，主要是由于煤矿主和管理者忽视安全生产。但是，井下采煤是一种地下作业，井下存在许多不确定因素，特别是一些不确定自然地质因素，容易引发煤矿瓦斯超量释放，引起瓦斯爆炸，或者发生煤矿矿坑塌陷、矿井淹没等事故。

矿难事故的频频发生引起人们关注，不仅关注煤矿生产安全，也关注采煤技术革新，无人采煤技术因此而产生。

要避免矿难事故，自然要重视安全生产，但是，最可靠的办法是改进采煤工艺，改变工人井下采煤工艺。

能不能使工人不下井也可以采煤呢？

露天采煤是一种办法，露天采煤可以最大限度地避免煤矿矿难事故的发生。但是，露天采煤只适合煤层埋藏不深的煤田。对于煤层埋藏很深的煤矿是无法进行露天采煤的。

要一劳永逸地解决采煤安全问题，避免矿难事故发生，只能另想办法，从改进采煤技术着手。

二 什么是无人采煤技术

无人采煤技术又称无人工作面采煤技术，就是指工人不出现在开采工作面现场，而是在工作面外，通过操作、控制机电设备，完成破煤、装煤、运煤、支护和处理采空区等工作。

无人采煤方法很多，按采煤机设备和方法不同分为两大类：一种是采煤机采煤，属于采煤机采煤的有煤锯采煤、螺旋钻机采煤、刨煤机采煤；另一种是水力采煤，利用水力冲击力来采煤。

不管哪种方法，无人采煤技术的特点一是使工人不必下井，摆脱危险工作地，从繁重的体力劳动和恶劣的工作环境中解放出来；二是可以开采普通方法无法开采或很难开采的煤层，提高资源利用程度。

工人在工作面外操作

采煤机在采煤

三　采煤机采煤

1910 年德国首先使用采煤机采煤，首先使用的采煤机是煤锯。
煤锯采煤是用来开采厚度为 0.3～5 米的围岩稳定倾斜或急倾斜

煤层。煤锯是由能双向割煤的采煤锯组成。

采煤锯与牵引钢丝绳相连,绞车带动牵引钢丝绳,进行往复切割运动,煤锯在煤壁拉出槽沟。在煤层压力作用下,煤层自行破碎、脱落。煤块自行溜运出工作面,由巷道中的运输机将煤块运出。

煤锯采煤,工人不用进入工作面,摆脱了危险。即使发生了矿难事故,也不会发生煤矿工人遇难,保证了煤矿工人的生命安全。但是,煤锯性能差,易发生顶板冒落和底板滑落等事故,使回采工作不能正常进行。

煤锯采煤的缺点催生了螺旋钻机的诞生,螺旋钻机采煤可开采厚度为 0.45~1.5 米的缓倾斜煤层,钻头直径比煤层小,螺旋钻机可正面钻进,也可侧面钻进。现在研制的性能可靠的螺旋钻机,能根据煤层厚度控制钻头,安全地钻进更大的深度。

螺旋钻机采煤巷道挖进效率高,可以在煤层薄、其他机械化采煤困难的环境中使用。螺旋钻机采煤的缺点是扔煤多,资源浪费大。

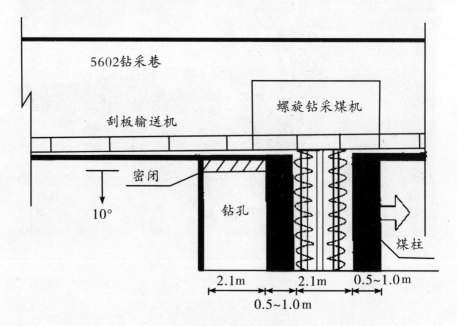

螺旋钻机采煤示意图

四　神奇的水力采煤

水力采煤是利用高压水射流的冲击力击落煤体，使煤层破碎，煤块脱离煤层，并利用水力完成运煤、提煤。

水力采煤生产过程有水力落煤、水力运输、水力提升、地面脱水。水力采煤适用于地质构造复杂、煤层不稳定的煤矿。

水力采煤现场

水力采煤的好处，一是不会因产生废渣而污染环境；二是水力采煤不会产生煤尘飞扬而污染大气。

水力采煤的缺点是只适合于煤层比较厚、分布相对稳定的煤矿藏。另外，由于无人下井，完全依靠水力切割破碎，有一定盲目性，会遗漏许多煤炭资源。

由于水力采煤的缺点，在水力采煤技术的基础上，出现了钻孔水力采煤。

钻孔水力采煤是综合了螺旋钻机采煤和水力采煤而产生的一种新的无人采煤技术，它综合应用定向钻孔技术、高压水射流破碎技术。

在实际实施中，在地表至少钻一直一斜两个钻孔，直孔作为开采井，斜孔用来灌高压水。高压水冲碎煤层后，在水流压力作用下，已破碎煤块沿着直孔，即开采井升到地面，乌黑的煤块源源不断地从出煤井口流出来。工人们只需要在地面上对从出煤井口流出来的煤块进行脱水处理，装上运输车，就可以把煤炭从地下开采出来。

第六节 煤炭地下气化

一 什么是煤炭地下气化

煤炭地下气化是将地下煤炭通过热化学反应，在原地转化为可燃气体，把埋藏于地下的煤炭在原地进行有控制的燃烧与气化，把有用的气体输送到地面加以利用，将污染物如煤矸石、二氧化碳等废物留在地下。

煤炭地下气化的设想最早由俄国著名化学家门捷列夫于 1888 年提出，他当时就认为，采煤的目的是为了提取煤中含能量的成分，而不是煤本身，并指出，煤炭地下气化是实现煤炭工业化的基本途径。

将门捷列夫的设想变为现实的是英国化学家拉姆塞，他于 1908 年在英国都贺煤田进行地下气化实验获得成功，并用得到的煤气进行发电。1933 年，苏联开始进行煤炭地下气化技术试验。

煤炭地下气化其实质是只提取煤中含能组分，变物理采煤为化学采煤。我国著名科学家钱学森曾高度评价煤炭地下气化技术，称它是"资源概念革命"。地下千米、数千米的矿层不需要人下去采掘，就可以把有用的煤气生产出来。煤炭地下气化得到的煤气可用于联合循环发电，提取纯氢气，以及用作化工原料气、工业燃料气、城市民用煤气等。

二 煤炭地下气化的优缺点

煤炭地下气化的方式主要有：井式、无井式、混合式。井式，是利用废弃矿井的固有巷道来进行煤炭地下气化；无井式，是直接钻孔到煤层，再控制煤层燃烧；混合式，是井式和无井式的混合，相应的炉型又分为 U 形炉、山形炉和复合炉。

无论哪种煤炭地下气化方式，都是将处于地下的煤炭进行有控制的燃烧，通过煤的热作用及化学作用，产生可燃气体。

煤炭地下气化技术集建井、采煤、气化工艺为一体，是一种多学科开发洁净能源与化工原料的新技术，具有安全性好、投资少、效率高、污染少等优点，被誉为第二代采煤方法。

煤炭地下气化把灰渣留在地下，再采用充填技术进行充填，这样可大大减少地表下沉。煤炭地下气化无固体物质排放，减少了对地面环境的破坏，这是其他洁净煤技术无法比拟的。煤炭地下气化还可以集中净化，进行脱除焦油、硫和粉尘等其他有害物质，得到洁净煤气。

煤炭地下气化得到的煤气可作为燃气直接供发电，或用作工业燃料气、城市民用煤气等。煤炭地下气化在煤化工中也有着重要的地位。国内外正在以煤炭气化为基础来发展煤化工业，煤气化制得的合成气作为化学工业的基本原料，使煤化工业在与石油化工的竞争中不断得到发展和提高。

当然，煤炭地下气化也存在许多问题，煤炭是在地下燃烧，气化过程很难控制，合成气成分波动大，气化后出来的气体成分不稳定。同时，受煤层和地质影响大，容易造成井井之间相互漏水、通气等情况。

三 煤炭地下气化的前景

自 20 世纪 30 年代以来，美国、比利时、德国、俄罗斯、澳大利亚等世界上的主要产煤国家，投入大量人力、物力，进行煤炭地下气化技术的研究，并取得大量科研成果。其他一些产煤国家也被煤炭地下气化的诱人前景所吸引，投入了大量的人力、物力进行研究。加拿大在建的一个地下气化项目是目前世界上最深的煤炭地下气化工程。

加拿大在建的煤炭地下气化项目

我国是从 1958 年开始进行自然条件下的煤炭地下气化试验。1980 年以后，先后在徐州、唐山、山东新汶等十余个矿区进行了试验，初步实现了煤炭地下气化从试验到应用的突破。

煤炭地下气化技术具有较好的经济效益和环境效益，大大提高了煤炭资源的利用率和利用水平，是我国洁净煤技术的重要研究和发展方向。我国第一个无井式煤炭地下气化工业性试验工程在内蒙古乌兰察布市建设。

目前我国的煤炭地下气化技术仍处于工业

我国第一个无井式煤炭地下气化项目

试验阶段，有很多问题需要去研究和探索。科学家所期盼的"21 世纪将出现不要人下井去采矿的联合能源、化工、冶金的新工业。不要人下去采掘，矿层可以深到地下千米、数千米，我们的资源概念也将革命了，是真正的新世纪"将会成为现实。这就是煤炭地下气化成功后带给人们的成果。

第四章
第五种能源——节能

4

有人说："新能源好，新能源取之不尽，可是我们不会开发新能源，新能源离我们还很远，等专业人员将新能源开发出来了，我们用就可以了！"

说得有一定道理，但是不完全正确，有一种新能源，它就是"第五种能源"，跟每家每户都有关，人人都可以开发利用。

"第五种能源"是中国国家电网公司在 2010 年 4 月 19 日发布的《国家电网公司绿色发展白皮书》中提出的新观点。让我们来了解一下"第五种能源"。

第一节　什么是第五种能源

先来简要回顾人类利用能源的历史：在工业革命之前，人类应用的是包括人体能和畜力能在内的自然能，对石油、煤炭等矿物燃料能源应用很少。在前工业化时期，木材是主要能源。19 世纪以后，矿物燃料能源得到了推广应用。由于矿物燃料容易开采，因而成为现代社会最主要的能源。

在现代社会，主要能源包括石油、煤炭、水能、核能四种，其中最主要的是石油一类矿物燃料能源，它是全世界最大的单项能量来源，大约占全球能源产量的 37％，石油燃料燃烧产生的温室气体二氧化碳占总排放量的 42％。

人类生产、生活消耗石油、煤炭矿物燃料能源的主要问题是燃烧产生的二氧化硫、碳氮氧化物会污染环境，使大气质量严重下降；二氧化碳等温室气体还会导致全球气候变暖，这是近二三十年来全球气候变暖的主要原因。

矿物燃料燃烧排放温室气体污染环境

　　全球气候变暖会导致自然灾难的增加，热带风暴和飓风的次数和强度会增加；全球气候变暖会导致动物迁移，生物物种活动范围变化，使生物链混乱，从而对农业、畜牧业和渔业生产产生不利影响；全球气候变暖还会导致一些传染性疾病的传播范围扩大，传染病肆虐。由于气候变暖，南北极冰雪融化，导致海平面上升，会对太平洋中的岛国带来灭顶之灾。

全球气候变暖会带来灭顶之灾

大量的科学研究表明，导致全球气候变暖的罪魁祸首是矿物燃料能源的大量消耗！为了应对全球气候变暖的负面影响，减少环境污染，就要限制、减少矿物燃料能源的消耗。

所谓"第五种能源"就是指节能，它是除石油、煤炭、水能、核能四种主要能源以外的"第五种能源"。把节能视为"第五种能源"，让人耳目一新。

第二节　生产节能技术

节能范围很广，工业企业是我国能源消费的大户，能源消费量占全国能源消费总量的70％左右。所以，工业生产节能尤为重要。

一　能源消费大户的"老大难"问题

在我国能源消费大户中，钢铁、有色金属、煤炭、电力、石油石化、化工、建材、纺织、造纸等九大重点耗能行业，其用电量占整个工业用电量的60％以上。

这些能源消费大户普遍存在单位能耗高的问题，其单位能耗平均比国外先进水平高出40％。在工业企业的各项成本中，电费已成为紧随物料成本、人工成本之后的第三或第四项主要的成本，特别是在某些高耗能企业中，电费已成为最主要的成本。许多工业企业由于管理、工艺技术等各方面原因，用电利用效率普遍偏低，节能潜力巨大，因此通过节能技术来降低电费成本、提高利润空间已经势在必行。

能源消费大户普遍存在一些"老大难"问题：

一是生产工艺落后。在我国的工业企业中，特别是高耗电行业，生产工艺普遍落后，一些工艺技术还停留在 20 世纪七八十年代的水平，产品产量和质量也相对很低，单位产品能耗大。

二是供、配电系统运行效率低，设备配置不合理，"大马拉小车"的情况普遍存在；用电设备陈旧老化，有的设备及供电线路非常陈旧，在运行时效率低，耗电多，浪费非常大；设备运行工艺不合理，电能浪费严重。

三是电力品质低，电能质量差。由于工业企业用电设备数量多、启动频繁、负荷变化大，容易对电网产生冲击，会恶化用电品质，严重影响其他设备的正常运行，不但会增加电耗，也影响到用电设备的使用寿命和用电安全。

四是能源管理方式实行粗放式管理，只从保障设备能正常运行的角度对电能进行管理，没有从使用效率、生产成本和设备使用寿命等角度对电能进行精细化管理。由于缺乏科学有效的电能利用及电能质量管理手段，不知道电能主要消耗在什么地方，不清楚什么时间消耗了多少，不明白电能浪费的漏洞在哪里，更不清楚改善的机制有哪些，怎么样改善。

中国节能标志

由此可见，工业生产节能任重道远。

二 智能化节电装置

为了对电能进行科学有效的精益管理，为了能确切知道电能主要消耗在什么地方，知道电能浪费的漏洞在哪里，智能化节电装置应运而生。

智能化节电装置种类很多，有为空气调节、水处理、电机和照明系统的节能降耗量身定制的节电装置，它们都属于高科技产品之列。

空调专用型智能化节电装置是为供暖、通风、中央空调、水处理等系统的节能降耗而定量定制的高科技产品，它选用先进的专用变频器，采用具有国际先进水平的、较简单的可编程技术和操作方法，自动调节水泵电机、风机转速，从而使系统始终保持在最经济的运行状态，平均节电率可达到20%～60%。

电机专用型智能化节电装置是为在负载变化频繁、电网电压波动较大、电源中谐波含量

空调专用型智能化节电装置

较高的特殊场合工作的电机而量身定制的高科技节能产品，其主要功能是采用信号采集存储，实时跟踪负荷变化，节电率可达20%以上。

电机专用型智能化节电装置

照明专用型智能化节电装置

照明专用型智能化节电装置是为楼宇、高杆路灯照明等照明系统专业定制的高科技节能产品。照明专用型智能化节能装置采用了先进

的计算机技术，对楼宇、高杆路灯照明等供电系统的电能质量进行处理、优化，进而达到节约电能和延长用电设备使用寿命的双重功效。

第三节　建筑节能技术

一　什么是建筑节能

建筑节能是指建筑材料生产、建筑物施工及使用过程中，在满足同等需要或达到相同目的的条件下，尽可能降低能耗。具体指在建筑物的规划、设计、建造、改造和使用过程中，采用节能型的技术、工艺、设备、材料和产品，提高保温隔热性能和采暖供热、空调制冷制热系统效率，加强建筑物用能系统的运行管理，减少供热、空调制冷制热、照明、热水供应的能耗。

建筑节能范围既包括减少建造过程中的能耗，有建筑材料、建筑构配件、建筑设备的生产和运输以及建筑施工和安装中的能耗，又包括降低使用过程中的能耗，有房屋建筑和构筑物使用期内采暖、通风、空调、照明、家用电器、电梯和冷热水供应等的能耗。

建筑能耗一般占一个国家总能耗的 30％ 左右。目前，我国建筑能耗已占全社会总能耗的 40％。所谓建筑能耗，是指建筑使用能耗，包括采暖、空调、热水供应、照明、炊事、家用电器、电梯等方面的能耗，其中采暖、空调能耗占 60％～70％。

我国是一个发展中大国，又是一个建筑大国，每年新建房屋的面积超过所有发达国家每年建成建筑面积的总和。我国既有的建筑，只有1‰为节能建筑，其余的均属于高耗能建筑。单位面积采暖所耗能源相当于纬度相近的发达国家的2～3倍。这是由于我国的建筑围护结构保温隔热性能差，采暖用能的2/3白白浪费掉了。

目前，我国建筑用能浪费极其严重，而且建筑能耗增长的速度远远超过我国能源生产增长的速度，而我国是一个发展中国家，人口众多，人均能源资源相对匮乏。要是这种高耗能建筑持续发展下去，国家的能源生产难以长期支撑此种浪费型需求。所以，推行建筑节能势在必行，在建筑中推广节能技术迫在眉睫。建筑节能，提高能源使用效率，就能够大大缓解国家能源紧缺的状况，促进我国国民经济建设的发展。

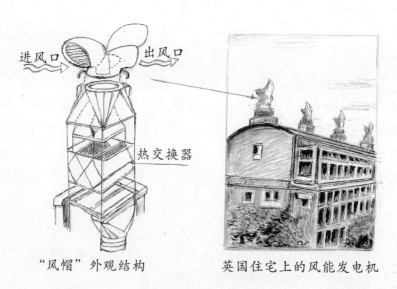

"风帽"外观结构　　　　　英国住宅上的风能发电机

在建筑中推广节能技术

推广建筑节能技术是贯彻可持续发展战略的重要措施，也是实现国家节能规划目标、减排温室气体的重要措施，符合全球发展趋势。

二　上海世博会的节能建筑

建筑节能的一个重要途径是减少能源总需求量，节能建筑应运而生。

节能建筑是在全新的设计理念下出现的新型建筑，有低能耗建筑、零能耗建筑和绿色建筑等不同名称，它们本质上都是从整体概念出发，在建筑规划和设计时，根据大范围的气候条件影响，针对建筑物自身所处的具体环境气候特征，重视利用自然环境，如外界气流、雨水、湖泊和绿化、地形等条件，创造良好的建筑室内微气候，以尽量减少对建筑设备的依赖。

2010年上海世博会上展示了许多有创意的节能建筑。

上海世博会伦敦案例"零碳馆"在建筑设计和建筑材料上有不少创新。在建筑的南面，通过透明的玻璃阳光房保存从阳光中吸收的热量，转化为室内热能。屋顶上的太阳能热水板将太阳能转化为热能，在那一排排多层式建筑的屋顶上，五彩缤

上海世博会伦敦案例"零碳馆"

纷的风帽在阳光下不停地转动，时刻采集新鲜的空气，更替室内的二氧化碳，让人们在不开窗的情况下就能呼吸到新鲜空气。而大部分朝南的房间，则可以让房屋最大限度地吸收太阳能，用于发电和保持室内四季恒温。

"零碳馆"的另一大亮点是墙体表面附着的特殊荧光涂料，建筑物白天储存的太阳能量将在夜间释放荧光，减少照明能耗，使展馆成为会发光的房子。此外，"零碳馆"还将通过玻璃窗采光和发电的完美结合来展示"会发电的窗户"。

德国展示的"汉堡之家"，运用最新节能与环保技术，建成中国

第一座符合德国标准的"被动屋"。它采用封闭式建筑方式，隔热性能好，冬天仅用太阳能、室内电器的散热以及居住者的体温即可保暖，不需暖气；夏天则利用可以制冷、除湿的特殊通风装置，免去空调。全德国大约有

德国的"汉堡之家"

8000 套"被动屋"，其中汉堡有 500 多套。这种建筑能耗最多可降低90%，几年即可收回成本。

上海世博园区的许多世博建筑都建在黄浦江边，充分利用黄浦江水冷却空调系统，为这些场馆循环降温。此外，利用屋面雨水收集系统回收雨水，以带走建筑物上的热量，白天甚至无需使用大功率空调。这样做的目的既便于通风，又能把阳光引到屋中来。当然，南北广场上 3 万平方米的平面绿化和东西两侧外墙上遍植的 7000 平方米垂直绿化带，也能为墙体保温与降温。

飞碟状演艺中心的建筑也具有节能功能，它不但能利用江水源冷却系统为室内降温，还可利用气动垃圾回收系统、空调凝结水、程控绿地节水灌溉系统等多项环保节能技术，为演艺中心降温自洁，提升建筑物的绿色含量。

三　巧用太阳能的建筑

太阳能是地球能源的重要来源，以现有技术、经济条件开发利用的太阳能，只占理论资源量的很少一部分。

现代建筑师实施建筑节能自然要打太阳能的主意。太阳能的开发利用有巨大的潜力，太阳能在建筑上的利用方式主要有被动式太阳能采暖、太阳能供热水、主动式太阳能采暖与空调及太阳能发电等。

或许是受旋转餐厅的启示，德国建筑师建造了一座能跟踪阳光的太阳房屋，整个房屋被安装在一个圆盘底座上，由一个小型太阳能电

动机带动一组齿轮。这样整个房屋成为旋转房屋。

太阳能建筑

房屋底座在环形轨道上以每分钟转动 3cm 的速度随太阳旋转。当太阳落山以后，该房屋便反向转动，回到起点位置。它跟踪太阳所消耗的电力仅为房屋太阳能发电功率的 1％，而所吸收的太阳能则是一般不能转动的太阳能房屋的 2 倍。

德国还有一个零能量住房，其所需能量 100％靠太阳能。零能量住房向南开放的平面被设计成扇形平面，可以获得很高的太阳辐射能。墙面采用储热能力较好的灰沙砖、隔热材料和装饰材料，阳光透过保温材料，热量在灰沙砖墙中存储起来。房屋白天通过窗户由太阳来加热，夜间则通过隔热材料和灰沙砖墙来保温。

我国太阳能资源丰富，如果将太阳能源充分加以利用，不仅有可能节省大量常规能源，而且有可能在某些区域实现完全利用太阳能采暖。

四　巧妙的建筑节能

现代建筑师十分重视建筑节能，他们知道建筑能耗很大部分来自建筑物围护结构，而建筑物围护结构的能量损失主要来自三部分：外墙、门窗和屋顶。于是，建筑师围绕这三部分想出了许多巧妙的建筑节能办法。

一是墙体节能。墙体是建筑外围护结构的主体，其所用材料的保温性能直接影响建筑的耗热量。我国以实心黏土砖为墙体材料，保温性能不能满足设计标准。因而在节能的前提下，建筑师在大力推广空心砖墙及其复合墙体技术。

复合墙体一般用块体材料或钢筋混凝土作为承重结构，与保温隔热材料复合，或在框架结构中用薄壁材料加上保温、隔热材料作为墙体。墙体的复合技术有内附保温层、外附保温层和夹心保温层三种。

二是屋顶节能。是指屋顶的保温、隔热，它是围护结构节能的重点之一。在寒冷地区的屋顶铺设保温层，可以阻止室内热量散失；在炎热地区的屋顶设置隔热降温层，可以阻止太阳的辐射热传至室内。

屋顶保温、隔热常用的方法是在屋顶防水层下设置保温层。保温层材料要用导热系数小的轻质材料，如膨胀珍珠岩、玻璃棉等。屋顶隔热降温的方法还可以采用架空通风、屋顶蓄水或定时喷水、屋顶绿化等。以上做法都能不同程度地满足屋顶节能的要求。特别是屋顶绿化，既能使屋顶隔热降温，又美化了环境。

三是门窗节能。外门窗是住宅能源散失的最薄弱部位，其能耗占住宅总能耗的比例较大。在保证日照、采光、通风、观景要求的条件下，尽量减小住宅外门窗的面积，提高外门窗的气密性，减少冷风渗透，提高外门窗本身的保温性能，减少外门窗本身的传热量。

对门窗的节能处理主要是改善材料的保温隔热性能和提高门窗的密闭性能。从门窗材料来看，近些年出现了铝合金型材、铝木复合型材、钢塑整体挤出型材、塑木复合型材以及塑料型材等节能产品。

此外，利用建筑物夜间通风，通过冷空气与建筑围护结构接触换热，冷却建筑材料，达到蓄冷目的。在夏季，夜间的室外空气温度比白天低得多，室外冷空气则可以作为一种很好的自然冷源加以利用，就可视为可利用的自然冷源。

我国建筑节能工作与发达国家相比起步较晚，能源浪费又十分严重。如我国的建筑采暖耗热量：外墙大体上为气候条件接近的发达国家的 4～5 倍，屋顶为 2.5～5.5 倍，外窗为 1.5～2.2 倍，门窗透气性为 3～6 倍，总耗能为 3～4 倍。可见，我国建筑节能工作任重道远。

第四节　节能照明

一　白炽灯的发明

1845 年的一天，美国专利局收到了斯塔尔的一份发明专利申请，他提出可以在真空灯泡内使用碳丝，使灯泡发光。英国人斯旺也想到了用碳丝使灯泡发光，他用一条条碳丝作灯丝，想使电流通过灯丝来发光。但是，当时抽真空的技术还很差，灯泡中的残余空气使得灯丝很快烧断。因此，这种灯的寿命相当短，仅有一两个小时，不具有实用价值。1878 年，真空泵的出现使斯旺有条件再度开展对白炽灯的研究。1879 年 1 月，他发明的白炽灯当众试验成功，并获得好评。

1879 年，美国人爱迪生也开始投入对电灯的研究，他注意到，延长白炽灯寿命的关键是提高灯泡的真空度和采用耗电少、发光强、便宜耐热材料作灯丝。为此，爱迪生不辞辛劳，先后试用了 1600 多种耐热材料，结果都不理想，那年 10 月 21 日，他采用碳化棉线作灯丝，把它放入玻璃球内，再将球内抽成真空。结果，碳化棉灯丝发出的光明亮而稳定，足足亮了 10 多个小时。

就这样，碳化棉灯丝白炽灯诞生了，爱迪生为此获得了专利。成功并未使爱迪生停步，他在继续寻找比碳化棉更坚固耐用的耐热材料。1880 年，爱迪生又研制出碳化竹丝灯，使灯丝寿命大大提高。同年 10 月，爱迪生自己开设灯泡厂，开始进行白炽灯泡批量生产，这是世界上最早的商品化白炽灯。

英国人斯旺也不甘落后，他于 1881 年开设灯泡厂，也开始白炽灯泡生产。这样，两位发明家，两家白炽灯泡生产厂竞争激烈。后来，两人达成协议，合资组建了爱迪生—斯旺白炽灯泡生产厂。

白炽灯泡生产竞争结束了，但是有关白炽灯的发明权还是争论不断，美国人把白炽灯的发明权归功于爱迪生，而英国人则将其归功于

爱迪生和他的一些产生
"爱迪生效应"的电灯泡

斯旺。在英国，电灯发明百周年纪念于 1978 年 10 月举行，而美国则于一年后的 11 月举行。其实，两人都对白炽灯的发明、应用推广作出了贡献。

二　白炽灯会　"寿终正寝"　吗

美国发明家爱迪生经过千辛万苦制成碳化纤维作碳丝的白炽灯之后，人们对灯丝材料、灯丝结构、充填气体不断改进，白炽灯的发光效率也相应提高。

白炽灯是利用电流加热发光体至白炽状态而发光的电光源，爱迪生的碳化纤维作碳丝的白炽灯，率先将电光源送入家庭。白炽灯给千家万户带来了光明。

1907 年，贾斯脱制成钨丝白炽灯。随后不久，美国的朗缪尔发明螺旋钨丝，并在玻璃壳内充入惰性气体氩气，以抑制钨丝的蒸发。

1912 年，日本的三浦顺一将钨丝从单螺旋发展成双螺旋，白炽灯的发光效率有很大提高。

1935 年，法国人克洛德在白炽灯内充入氪气、氩气，进一步提高了发光效率。白炽灯的发展史是提高灯泡发光效率的历史。尽管这样，白炽灯的效率还是很低，它所消耗的电能只有很小的部分转化为光能，而大部分都以热能的形式散失了。而且，白炽灯的照明时间即它的使用寿命通常不会超过1000 小时。

照明白炽灯

白炽灯的光效虽低，但光色和集光性能好，所以，它的产量大，曾是世界上应用最广泛的电光源。

人类社会进入了 21 世纪，环境保护和节能的呼声越来越大，白炽灯的光效低，耗能大，满足不了节能要求。节能灯的出现，使白炽灯在电光源市场上的龙头老大地位被动摇了。有人认为，白炽灯到了"寿终正寝"的时候了，白炽灯的消亡是迟早的事，它剩下的日子不多了。

自从 1879 年白炽灯投入市场以来，直到 21 世纪初，它照亮了千千万万个家庭。面对白炽灯的消亡，要是爱迪生在世，一定会感到惊讶，感到心酸，但这却是不争的事实。澳大利亚已经禁止了白炽灯的使用，欧盟则计划逐渐让白炽灯退出舞台。自 2009 年 11 月起，100 瓦的白炽灯灯泡在欧洲的各个杂货店里消失；1 年之后，75 瓦的白炽灯灯泡也退出了舞台；2011 年则轮到 60 瓦的白炽灯灯泡；到 2012 年 11 月 1 日，最后一批白炽灯灯泡退出欧盟市场。

中国淘汰白炽灯计划也有了阶段性实施表：2011 年 10 月 1 日至 2012 年 9 月 30 日为过渡期；2012 年 10 月 1 日起，100 瓦以下的白炽灯禁止进口和在国内销售；2014 年 10 月 1 日起，60 瓦以下的白炽灯禁止进口和在国内销售；2016 年 10 月 1 日起，15 瓦以下的白炽灯禁止进口和在国内销售。

三　卤钨灯的问世

为提高白炽灯的发光效率，必须提高钨丝的温度，但温度的提高会造成钨的蒸发，使玻璃壳发黑。卤钨灯就是为了解决白炽灯的这一问题而问世的。1959 年，美国在白炽灯的基础上发展了体积和光衰极小的卤钨灯。

卤钨灯也像白炽灯一样有灯丝，但灯泡里的填充气体是含有部分卤族元素或卤化物的气体，可以使它在更高温的环境中工作，从而提高亮度。卤钨灯的外形一般都是一个细小的石英玻璃管，它和白炽灯相比，其钨丝可以"自我再生"。实际上，卤钨灯是填充气体内含有部分卤族元素或卤化物的充气白炽灯，是新一代白炽灯。

在普通白炽灯中，灯丝的高温造成钨的蒸发，蒸发的钨沉淀在玻璃壳上，产生玻璃壳发黑的现象。卤钨灯中充有一些卤族元素，当灯丝发热时，钨原子被蒸发向玻璃管壁方向移动。在它们接近玻璃管时，钨蒸气和卤素原子结合在一起，形成卤化钨。因为卤化钨很不稳定，遇热后就会分解成卤素蒸气和钨，这样钨又在灯丝上沉积下来，弥补了被蒸发的部分。如此循环，灯丝的使用寿命就会延长很多。

与普通白炽灯相比，卤钨灯光效有所提高，耗能有所减少，良好的卤钨灯可以比普通白炽灯降低能耗 15％。例如一个 60 瓦的卤钨灯泡，亮度可等同于一个 100 瓦的普通白炽灯泡。但是卤钨灯泡体积细小，温度相对较高，所以，在家庭中使用时需要特别防护，防止引起火灾。

卤钨灯一般用在需要光线集中照射的地方，比如用于写字台或居室局部的照明，也可作为汽车车头灯。

按用途不同，卤钨灯分为六类：一是照明卤钨灯，广泛用于商店、展厅、家庭室内照明；二是汽

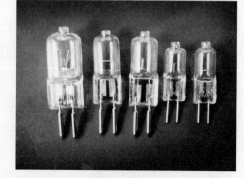

卤钨灯的问世

车卤钨灯，又分前灯、近光灯、转弯灯、刹车灯等；三是红外线、紫外线辐照卤钨灯，用于加热设备和复印机上；四是摄影卤钨灯，用于舞台照明和新闻摄影照明；五是仪器卤钨灯，用于光学仪器和医疗仪器上；六是冷反射仪器卤钨灯，用于光学仪器上。

四　节能灯的诞生

20 世纪 70 年代，荷兰的飞利浦公司成功研制出节能灯。节能灯又称为省电灯泡、电子灯泡、紧凑型荧光灯、一体式荧光灯，是指将荧光管与镇流器组合成一个整体的照明设备。

在节能灯的荧光管里没有灯丝，荧光管发光是通过把管里的气体原子激发到更高能级上，发出紫外光。光管内部的白色荧光物质吸收紫外光后，重新以可见光的形式放出能量。由于这种光源在达到同样光能输出的前提下，只需耗费普通白炽灯用电量的 1/5 至 1/4，从而可以节约大量的照明电能和费用，因此被称为节能灯。

节能灯是由上部灯头结构及底部灯管结构组成，在结合结构的内部包设一个节能电子镇流器。在上结合结构部与节能电子镇流器的空间下方，增设一隔板结构；而在下结合结构部设一增长区段空腔结构，并在其外壁周围环设多个通孔，用于多元隔热、分流、散热，确保节能灯正常的使用寿命。

节能灯因灯管外形不同，分为 U 形管、螺旋管和直管型三种。U 形管节能灯功率一般从 3 瓦到 36 瓦，主要用于民用和一般商业环境照明，用来直接替代白炽灯；螺旋

螺旋管节能灯

管节能灯按照旋灯管直径和螺旋环圈不同有多种，功率从 3 瓦到 240 瓦，有多种规格；直管型节能灯用于民用、工业、商业环境照明。

节能灯问世后，受到世界各国的欢迎，我国最早在山东的胶东半岛推广，由于早期成本比较高，推广难度比较大。广东依靠其优越的地理位置，依托国家的政策支持，以低成本的原材料大批量生产节能灯，并销往全国。现在全国 80％ 的节能灯是广东生产的。由于节能灯的使用寿命要比白炽灯长 5 到 10 倍，这也弥补了其价格上的劣势。

五　无极灯登上照明舞台

无极灯是无电极气体放电荧光灯的简称，属于第四代电光源产品，由高频发生器、耦合器和灯泡三部分组成。它是通过高频发生器的电磁场以感应的方式耦合到灯内，使灯泡内形成等离子体。等离子受激原子返回基态时辐射出紫外线，灯泡内壁的荧光粉受到紫外线激发产生可见光。

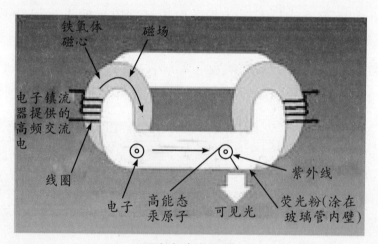

无极灯发光原理

无极灯是综合了应用光学、电子学、等离子体学、磁性材料学等领域的最新科技成果研制开发出来的高新技术产品，是一种代表照明技术高光效、长寿命的新型光源，它代表了未来照明灯的发展方向。无极灯与其他电光源产品不同，具有以下特点：灯泡内无灯丝、无电极，发光效率高，光衰小，使用寿命长，安全可靠。

无极灯分高频无极灯和低频无极灯，其发光原理基本一样，两者之间的主要区别是工作频率不同。高频无极灯体积小，灯泡外形变化较多，可配灯具多，旧灯具稍加改装也可使用，其缺点是散热不好，造成功率无法太高。而低频无极灯功率可以比较大，大功率低频无极灯是其他常用的常规照明灯所无法企及的，它的灯管体积大，散热效果好，其缺点是因为体积大造成的可配灯具非常少。

无极灯适用于工厂、学校、商场、隧道、交通复杂地带、地铁站、火车站危险区域或水下照明、泛光照明、景观绿化照明等，特别适用于高危和换灯困难且维护费用昂贵的重要场所。

无极灯的发展方向就是更低的频率、更长的寿命。我国已有企业生产低频无极灯，这已经走在了世界前列。

防爆无极灯

你知道吗

耦合

耦合是指两个或两个以上的电路元件或电网络的输入与输出之间存在紧密配合与相互影响，并通过相互作用从一侧向另一侧传输能量的现象，使两个本来分开的电路之间或一个电路的两个本来相互分开的部分之间进行交链。

六　电光源市场的希望——LED 光源

LED 是发光二极管的英文（lightemittingdiode）缩写，是一种固态的半导体器件，它可以直接把电能转化为光能。

发光二极管怎么会发光呢？

发光二极管的"心脏"是一个半导体的晶片，它的基本结构是一块电致发光的半导体材料置于一个有引线的架子上，然后四周用环氧树脂密封，起到保护内部芯线的作用。晶片的一端附在一个支架上，是负极，另一端连接电源的是正极。半导体晶片由两部分组成，一部分是 P 型半导体，在它里面空穴占主导地

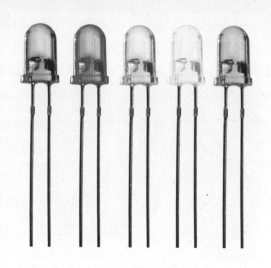

发光二极管

位，另一端是 N 型半导体，在这边主要是电子。这两种半导体连接起来的时候，它们之间就形成一个 P—N 结。

当电流通过导线作用于这个晶片的时候，电子就会被推向 P 区，在 P 区里电子跟空穴复合，然后就会以光子的形式发出能量，这就是 LED 发光的原理。而光的波长也就是光的颜色，是由形成 P—N 结的材料决定的。

发光二极管的优点：耗电少，消耗能量较同光效的白炽灯减少 80%；适用性广，由于它很小，每个单元 LED 小片是 3～5 毫米的正方形，可以制备成各种形状的器件，适合于易变的环境；寿命长，可稳定工作 10 万小时；可以变色，通过改变电流可以变色，实现红、黄、绿、蓝、橙等多色发光；安全性高，无有害金属，对环境无污染。

最初 LED 光源用作仪器仪表的指示光源，后来各种光色的 LED 光源在交通信号灯和大面积显示屏中得到了广泛应用，产生了很好的经济效益和社会效益。现在，LED 光源已陆续用于交通灯、手电筒、汽车上的刹车灯及指挥灯上，汽车信号灯是 LED 光源应用的重要领域；也可用作路灯、工矿灯、隧道灯等诸多照明领域，特别适用于公共场所。

LED 光源作为一种新型的节能、环保电光源产品，也代表了电光源未来的发展方向，发展前景和应用范围十分广阔。

第五节　资源的循环利用

一　从循环经济说起

20 世纪 60 年代，美国生态学家蕾切尔·卡逊写了一本科普图书《寂静的春天》，指出生物界以及人类所面临的环境污染危险，引发了公众对环境问题的注意。

美国经济学家受此启发，提出了循环经济一词，并提出了宇宙飞船经济理论，其要点是：地球就像在太空中飞行的宇宙飞船，要靠不断消耗自身有限的资源而生存，如果不合理开发资源、破坏环境，就会像宇宙飞船那样走向毁灭。

按照宇宙飞船经济理论，即要改变人类社会的经济生产模式，改变那种依赖资源消耗型的经济，转变为依靠生态型资源循环来发展经济，让增长型经济变为储备型经济。这样，自然资源才不会枯竭，也不会造成环境污染和生态破坏。循环经济的概念由此而来。

发展循环经济，就要在人、自然资源和科学技术的大系统内，在资源投入、企业生产、产品消费及其废弃的全过程中，以资源的高效利用和循环利用为目标，以物质闭路循环和能量梯次使用为特征。它要求运用生态学规律来指导人类社会的经济生产活动，通过资源高效和循环利用，实现污染物的低排放甚至零排放，保护环境，实现社会、经济与环境的可持续发展。

循环经济

指以"减量化、再利用、资源化"为原则，以提高资源利用效率为核心，促进资源利用由"资源—产品—废物"的线性模式向"资源—产品—废物—再生资源"的循环模式转变，以尽可能少的资源消耗和环境成本，实现经济社会的可持续发展，使社会经济系统与自然系统相和谐。

循环经济图解

　　循环经济的主要特征是资源的低开采、高利用，污染物的低排放，按照清洁生产的方式，对能源及其废弃物实行综合利用的生产活动过程。它要求把经济活动组成一个"资源—产品—再生资源"的反馈式流程。所以，循环经济在本质上就是一种生态经济。

　　为了发展循环经济，一些国家和地方创设了循环经济示范区，这是一种以预防污染为出发点，以物质循环流动为特征，以社会、经济、环境可持续发展为最终目标，最大限度地高效利用资源和能源，减少污染物排放的示范区域。在我国一些省、市，也出现了循环经济示范区试点和示范区。

循环经济

循环经济是一种经济生产模式，是指将生产所需的资源通过回收、再生等方法再次获得使用价值，实现循环利用，减少废弃物排放。这种经济生产模式要求人们运用生态学规律来指导人类社会的经济活动，要求在资源投入、企业生产、产品消费及其废弃的全过程中，把传统的依赖资源消耗的线形增长的经济，转变为依靠生态型资源循环来发展的经济。

二　资源的循环利用

传统工业经济的生产模式是最大限度地开发利用自然资源，最大限度地创造社会财富，最大限度地获取利润；而循环经济的生产观念是要充分考虑自然生态系统的承载能力，尽可能地节约自然资源，不断提高自然资源的利用效率，循环使用资源，创造良性的社会财富。

在循环经济生产模式中，资源利用要减量化，即在生产的投入端尽可能少地输入自然资源；产品要再使用，即尽可能延长产品的使用周期，并在多种场合使用；废弃物再循环，即最大限度地减少废弃物排放，力争做到排放的无害化，实现资源再循环。

循环经济的发展主要是从资源的高效利用、循环利用和无害化生产三条技术路径来实现。其中，资源的循环利用尤为重要。

资源的循环利用就是通过建立起生产和生活中可再生利用资源的循环利用通道，达到资源的有效利用，减少向自然资源的索取，在与自然和谐循环中促进社会经济的发展。

在农业生产领域，资源的循环利用就要遵循自然规律和经济规律，建立起5条产业链：一是种植—饲料—养殖产业链，充分发挥天然饲料功能，构建种养链条；二是养殖—废弃物—种植产业链，将猪粪等养殖废弃物加工成有机肥和沼液，用于蘑菇等特色蔬菜种植；三是养殖—废弃物—养殖产业链，开展桑蚕粪便养鱼等实用技术开发推广，实现养殖业内部循环；四是生态兼容型种植—养殖产业链，利用开放式种植空间，构筑"稻鸭共育"、"稻蟹共生"、放养鸡等种养兼容型产业链；五是废弃物—能源产业链，畜禽粪便经过发酵，产生的沼气可向农户提供清洁的生活能源。

在工业生产领域，以工业副产品、废弃物、余热、废水等资源为载体，在不同产业之间建立纵向、横向产业链接，促进资源的循环利用、再生利用。如围绕能源，实施热电联产、开发余热余能利用、有机废弃物的能量回收，形成多种方式的能源梯级利用产业链；围绕废水，建设再生水制造和供水网络工程，合理组织废水的串级使用，形成水资源的重复利用产业链；围绕废旧物资和副产品，建立延伸产业链、可再生资源的再生加工链、废弃物综合利用链以及设备和零部件的修复翻新加工链，构筑可再生、可利用资源的综合利用链。

在生活和服务业领域，重点是构建生活废旧物资回收网络，充分发挥商贸服务业的流通功能，对生产生活中的二手产品、废旧物资或废弃物进行收集和回收，提高这些资源再回到生产环节的比例，促进资源的再利用或资源化。

你知道吗

循环经济 "3R" 原则

循环经济"3R"原则是指发展循环经济要遵循"减量化、再利用、再循环"的原则，它们的排列是有科学顺序的：减量化，属于输入端，旨在减少进入生产和消费流程的物质量；再利用，属于过程，旨在延长产品和服务的时间；再循环，属于输出端，旨在把废弃物再次资源化，以减少最终处理量。

三　垃圾包围了城市

自 19 世纪以来，工业发展引起世界性的人口迅速集中，城市规模不断扩大，生产的发展使城市居民生活水平不断提高，商品消费量迅速增加，垃圾的排出量也随之增加。在一些工业发达国家，每人每日平均垃圾排出量在近 20 年内增长了一倍。

在垃圾数量增长的同时，垃圾的成分也发生了变化。现代城市中家庭燃料构成已从过去用煤炭、木柴改用煤气、电力，垃圾中曾占很大比重的炉渣大为减少。家庭垃圾中的瓜皮、果核等食品废弃物也大为减少，而各类纸张和塑料包装物、金属、玻璃等大大增加。

随着人类对资源开发规模的扩大，资源消耗的速度也在大大加快。这也加速了垃圾的增长，导致垃圾场失控。城市垃圾越来越多，垃圾充斥城市，垃圾包围了城市。垃圾会给人类社会带来许多危害。

垃圾堆放不仅占用耕地，还污染土壤。由于垃圾里化学产品含量越来越高，填埋后数十年甚至上百年都不会降解，加上有毒成分和重金属含在其中，这些耕地也就失去了使用价值。垃圾在腐化过程中，产生有害气体，污染大气，散发热量，从空中包围城市，也会使气候变暖。

1994 年 7 月，上海一艘装垃圾的轮船发生爆炸，原来是船上堆放的垃圾发酵，产生甲烷气体爆炸。垃圾还会发生自燃现象。对于塑料袋、塑料杯、泡沫塑料制品等白色污染，由于它们不易分解，会影响土壤结构，致使土质劣化。

失控的垃圾场又是病毒、细菌等微生物滋生的温床，使人生病，危害健康。危险废弃物又直接或间接危害人体健康，如废灯管、废电池中含有汞、镉、铅等重金属物质，会损伤人体器官，导致疾病发生。

我国是世界上垃圾包袱最沉重的国家之一。据统计，目前全国城市垃圾历年堆放总量高达 70 亿吨，年产生量近 1.5 亿吨，而且每年以约 8.98% 的速度递增。全国 600 多座大中城市中，有 70% 被垃圾所包围，这些城市的垃圾绝大部分是露天堆放，真可谓"垃圾包围城市"。

四 垃圾——放错了地方的资源

人们讨厌城市垃圾，其实，垃圾是放错了地方的资源。

目前地下矿产资源经过大量开采，已接近枯竭。根据物质不灭定律，这些物质并没有消失，而是转变成地上各种不同形态的物质而存在。城市垃圾中有许多由矿产资源转变成的物质，这些物质成为将来再生资源的来源。垃圾只不过是放错地方的资源，而且，垃圾还是世界上唯一增长的资源。

21世纪中后期，再生资源将成为我们资源需求的主要来源。以电子产品为例，废旧电子产品已成为城市垃圾的重要组成部分，电子垃圾正成为全世界增长最快、最具潜在危险性的废弃物。而电子垃圾中含有许多金属、塑料、橡胶、玻璃等可供回收

城市垃圾回收工厂

的有用资源，特别是废旧电器中还含有相当数量的诸如金、银、铜等贵金属。

有人对广州一天的生活垃圾进行了分析，其中的40％为可再生利用资源，有废纸约1500吨，可再造1200吨好纸，由此，可以节约大量木材，节省电力，降低排污；有废塑料约2000吨，回收这些废塑料，可提炼50万升汽油、50万升柴油；有废玻璃约1500吨，回收这些废玻璃再造玻璃，可节约石英石、长石粉、纯碱、煤炭、电力；有废电池约30万个，回收这些废电池，既可避免重金属污染，回收

后又可提取锌、铜等原料。再拿被人们随意丢掉的易拉罐来说，每个易拉罐只有 10 克重，10 万个易拉罐则重 1 吨。回收 1 吨易拉罐，可以少开采 2 吨铝矿，同时可少建 2 吨规模的炼铝锭厂，并可避免采矿冶炼的工业污染。

可见，要是回收了城市垃圾中的可再生利用资源，不仅可减少 40% 的填埋量，还能获得巨大的环保价值和经济价值，真是"化腐朽为神奇"。

城市垃圾是一种可以利用的再生资源，只是没有得到很好的利用。目前我国在资源再生利用方面的主要障碍是缺少有效的组织，未形成产业规模，缺少技术研发。我国在废弃物的再回收、再利用、再循环方面存在较大的潜力，应大力发展资源再生产业（第四产业/静脉产业），尽快出台相关政策，形成产业规模，才能较大地缓解我国资源紧缺、浪费巨大、污染严重的矛盾。

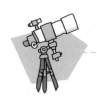

你知道吗

城市垃圾

城市垃圾又称为城市固体废弃物，它是指城市居民日常生活丢弃的家庭生活垃圾、与人们吃喝有关的厨房有机垃圾及公共场所垃圾、环卫部门道路清扫物及部分建筑垃圾的总称。

城市垃圾有工业垃圾、建筑垃圾和生活垃圾三类。工业垃圾，即工业废渣，不同种类的工业垃圾对环境污染的程度差异很大，应根据不同情况进行不同处理，达到排放标准后，放置于划定的地区。建筑垃圾为无污染固体，可用填埋法处理。生活垃圾是人们在生活中产生的固体废渣，种类繁多，包括有机物与无机物，应进行分类、收集、清运和处理。

五 垃圾的收集和输送

城市垃圾没有利用是废物，经过科学处理和利用，废物就变成宝物。

废物要变成宝物，一个关键环节是进行垃圾分类收集。垃圾分类收集方式的实施是城市生活垃圾处理发展过程中的一个重要步骤。通过分类收集，可有效地实现废物的重新利用和最大程度的废品回收，为卫生填埋、堆肥、焚

电动扫路机

烧发电、资源综合利用等垃圾处理方式的应用奠定了基础。

收集的垃圾要及时进行输送和清除。城市垃圾若不及时清除，将严重影响环境卫生。北京实行"日排日清"，有的城市实行"隔日清"或每周两次清除。发展各种类型扫路机械是当前城市环境卫生工作的重要内容。一些发达国家已开发了大、中、小型三种适用于各种作业的清扫机械。清扫工作机有吸尘式、吸扫结合式等类型，发展趋向是清扫机械的专业化、自动化和标准化。我国一些城市主要采用小型盘刷吸、扫结合的扫路机，同时进行人工清扫。

城市马路、公共场所普遍设置有收集垃圾的容器，主要有两类：一类是带盖的金属或塑料桶作为容器，放置在固定地点，将垃圾倒入桶内，由专门设计的垃圾收集车装运，桶可以长期周转使用；另一类是用纸或塑料薄膜袋作为容器，将垃圾装入纸袋，放在指定的收集地点，由垃圾收集车拾取运走。

收集、运输垃圾的主要工具是专门设计或改装的汽车，装载垃圾的过程机械化，与垃圾容器配套，有的有简单的压缩设备，以减少垃

圾体积，有的有真空吸入装置。

城市不断扩大，垃圾处理场往往远离城区，许多城市在市郊建有垃圾转运站，先由汽车将垃圾运至转运站，再用大型拖车运到最终垃圾处理场。有的在转运站或在拖车上附有压缩设备，以提高运输效率，并为垃圾处理创造条件。有的国家采用垃圾管道运输方法，有水力传送和气动传送两种系统。水力传送是通过垃圾磨碎机将垃圾磨成浆状，用抽水机通过管道运送，这种系统仅适用于厨房垃圾；气动传送方法是在垃圾集中站安装涡轮抽气机，抽气输送袋装垃圾，高层公寓的垂直管道与较大转弯半径的水平管道连接成为垃圾输送系统。管道输送的优点是清洁卫生、节省劳力，但投资大。

六　变废为宝

收集、输送后的垃圾还需进行科学处理。目前，垃圾最后处理方法有填埋、焚烧、堆肥或回收能源和资源等。

从国外多种处理方式的情况看，目前填埋法作为垃圾的最终处置手段一直占有较大比例，我国许多城市也是采用填埋办法来处理城市垃圾的，使垃圾中的宝物没有得到应用。

一些发达国家和地区由于土地资源日益紧张，垃圾焚烧处理比例逐渐增多，并且利用新技术如热解法、填海、堆山造景等对垃圾进行最后处理，回收能源和资源。

城市垃圾中的有机物和无机物废弃物利用价值较低，最好的办法是把它们分离出来，经过简单加工，把散乱的垃圾粉碎、干燥、结团、压实，形成一个个垃圾团，再将垃圾团倒入电站的焚烧炉中焚烧，其产生的热量用于加热锅炉中的水，产生水蒸气，推动涡轮发电机发电。垃圾焚烧电站就是这样出现的。

焚烧是目前世界各国广泛采用的城市垃圾处理办法。大型的配备有热能回收与利用装置的垃圾焚烧处理系统顺应了回收能源的要求，正逐渐上升为焚烧处理的主流。国外工业发达国家，特别是日本和西欧，普遍致力于推进垃圾焚烧技术的应用。

垃圾焚烧电站

　　垃圾焚烧处理是目前国外应用最普遍的垃圾处理方法，其最大优点是垃圾资源化和减量化处理程度高。垃圾焚烧厂建立在城市周围，运送垃圾方便，并且可以向城市提供电能或热能，产生很好的经济效益。垃圾焚烧发电已成为发达国家处理生活垃圾的主要途径和电力行业的重要组成部分。

　　我国垃圾焚烧设备的设计、生产和应用的水平、规模与发达国家的差距还很大，因此对于我国来说，了解垃圾焚烧炉燃烧技术及设备的发展趋势，进而学习和掌握先进的垃圾焚烧炉设计和制造技术显得非常迫切和重要。

　　在发达国家，垃圾处理和资源化利用已经成为成熟的产业，垃圾焚烧发电技术正在向大型化、高效化方向发展。中国城市垃圾焚烧发电在 1987 年投入运行，其后，随着一大批环保产业化和环保高技术产业化项目的相继启动，垃圾焚烧发电技术得到了快速发展，实现了大型垃圾焚烧发电技术的本土化，垃圾焚烧处理能力大幅提高。

　　垃圾最后处理的理想办法是综合利用资源化，回收垃圾中的能源和资源，使其得以再利用。如废弃的塑料、纸，回收后经过分类、清洗、干燥、切碎等工序，压制成的复合板，可取代各种板材，在建筑中应用。

据有关专家预测，未来 10 年里，垃圾处理产业将成为 21 世纪新的经济增长点。一些城市已在做试验，大庆的垃圾处理厂投入运行后，可将大庆市所有的城市垃圾都"吃光"，使城市生活环境清洁、舒适，而且能日产 350 吨有机化肥，年创利 4000 万元，还能安置下岗工人再就业。我国是发展中国家，又是人口大国，资源并不丰富，更需要在节约资源、变废为宝上下功夫。

七　方兴未艾的　"静脉产业"

人们把将废弃物转换为再生资源的企业形象地称为"静脉产业"，因为这些企业能使生活和工业垃圾变废为宝、循环利用，如同将含有较多二氧化碳的血液送回心脏的静脉。

"静脉产业"这一词最早是由日本学者提出的。他们把废弃物排出后的回收、再资源化相关领域形象地称为"静脉产业"，是指垃圾回收和再资源化利用的产业，又称为"静脉经济"、第四产业。其实质是运用循环经济理念，有机协调当今世界发展所遇到的两个共同难题——垃圾过剩和资源短缺，变废为宝，通过垃圾的再循环和资源化利用，最终使自然资源退居后备供应源的地位，自然生态系统真正进入良性循环的状态。

"静脉产业"最早在一些工业发达国家出现，德国、日本通过"静脉产业"尽可能地把传统的"资源—产品—废弃物"的线性经济模式改造为"资源—产品—再生资源"的闭环经济模式，减少对原生自然资源的开采。目前，日本的"静脉产业"已初步形成了三个主要发展方向，即分别把生活垃圾转换成家畜饲料、有机肥料或燃料电池的燃料。把生活垃圾制成饲料和肥料，可以为越来越多的企业提供新的商机，如把食品废弃物排放者——城市中的食品加工厂、食品店、饭店、超市等，与清洁公司和农户等饲料、肥料使用者联系在一起，组成食品资源循环利用网和生态社区，已取得了可观的效益。与此同时，专供家庭用的生活垃圾处理器也应运而生，并在日本成为畅销商品。另外，还有一些日本公司正在开发把生活垃圾转换为甲烷的技术。用这种方法制取的甲烷，可以作为燃料电池的燃料。

为了发展"静脉产业"，一些国家和地区创办了"静脉产业园"，以保障环境安全为前提，以节约资源、保护环境为目的，运用先进的技术，将生产和消费过程中产生的废物转化为可重新利用的资源和产品，实现各类废弃物的再利用和资源化，包括将废弃物转化为再生资源及将再生资源加工为产品两个过程。德国还制定相关立法体系，包括宪法、普通专项法律、条例和指南四个层次，以促进"静脉产业"的发展。

第五章
聪明的智能电网

电网是将相近的电厂、电站、变电站连接起来，形成网络，以便进行统一管理和指挥，以保证发电与供电的安全可靠，调整电力供需平衡。

随着科学技术的发展，电力工业得到迅速发展，大容量火电站、水电站、核电站和新能源电站的出现，电网的容量愈联愈大。为了更有效地进行管理和指挥，减少能源消耗，实现节能目标，出现了智能电网。

建设坚强的智能电网作为能源配置绿色平台，能够大力发展清洁能源，全力发挥输电作为继公路、铁路、水路、航空和管道运输之后的"第六种运输方式"的强大功能，构筑"输煤输电并举"的国家能源综合运输体系，提供节能这一除石油、煤炭、水能、核能四种主要能源以外的第五种能源，这是中国国家电网公司在 2010 年 4 月 19 日发布的《国家电网公司绿色发展白皮书》中向人们提出的令人耳目一新的观点。加快发展坚强智能电网是国家电网推进绿色发展的战略重点，能够推动清洁能源大规模、集约化发展，推动煤炭资源清洁有效利用，推动电力资源节约高效利用，应对生态环境和气候变化双重挑战。

第一节　什么是智能电网

智能电网，顾名思义就是有智能的电网，它是个新生儿，它的出现是现代科学技术发展的成果，是新能源催生了它的诞生，促进了它的发展。

一　坎贝尔的新发明

2005 年的一天，发明家坎贝尔醉心于电网技术的研究。此刻，他正在研制一种无线控制器，让它与大楼的各个电器相连，便于实现对各个电器进行有效控制。

坎贝尔的研究构想灵感来自蚂蚁，一群蚂蚁，可能有几千、几万、几十万只，它们没有一个指挥官在发号施令，却可以非常有序高效地合作共事。蚂蚁能够协同作战的秘密在于，它们之间会不断沟通，每只蚂蚁可以随时根据周围的信息调整自己的行为。

坎贝尔受蚂蚁启示，发明了一种无线控制器，它与大楼的各个电器相连，并实现有效控制。每一个无线控制器相当于一只"蚂蚁"，它们之间以特殊的语言相互交流，然后调整自己的行为，发挥集体作战的力量。比如，一台空调运转 15 分钟，可以把室内温度维持在 24℃；而另外两台空调可能会在保证室内温度的前提下，停止运行 15 分钟。这样，在不牺牲每个个体的前提下，整个大楼的节能目标便可以实现。

坎贝尔发明的无线控制器使大楼的每个电器调整都能自动完成，不需要一个集中发布命令的司令部。所以，坎贝尔的新技术非常简单，不需要人管，使电网智能化，用于减少能源消耗，实现节能。这项技术赋予电网智能，提高了能源的利用效率，智能电网就这样出现了。

2006 年，欧盟理事会发表的能源绿皮书肯定了智能电网技术，并强调智能电网技术是保证欧盟电网电能质量的一个关键技术和发展方向。2006年中期，一家名叫"网点"的公司开始出售一种可用于监测家用电路耗电量的电子产品，可以通过互联网通信技术调整家用电器的用电量。这个电子产品具有一部分交互能力，可以看作是智能电网中的一个基础设施。

同年，美国IBM公司与全球电力专业研究机构、电力企业合作开发了智能电网的"中枢神经系统"，使电力公司可以对消费者的电力使用情况进行管理，并可细化到每个联网的装置。这标志着智能电网的正式诞生。

实践证明，在使用了坎贝尔的无线控制器后，医院、酒店、大卖场、工厂和其他大型场所可以节省多达30％的峰值电能。其实，坎贝尔的技术就是"智能电网"的一部分。

二　什么是智能电网

顾名思义，智能电网是电网的智能化，也称为"电网2.0"，它是一种有智能的新颖电网，指输配电过程中的自动化技术，使电网智能化，是智能加电网，用于减少能源消耗。智能电网是由发电、输电、变电、配电、用电、调度等环节组成的有机整体，使电网具有智能。

智能电网监测仪器

为什么要发展智能电网呢？

发展、建设智能电网是为了保障现代电网安全、稳定运行，也为了减少能源消耗，实现节能。

智能电网之所以有智能，是通过智能电网的"中枢神经系统"来实现的，该系统包括智能电网使用的传感器、计量表、数字控件和分析工具。有了这个"中枢神经系统"，就可以自动监控电网，优化电网性能，防止断电的发生。即使发生了断电，也可以很快地恢复供电。

智能电网是现代科学技术的发展结果,特别是通信网络技术的发展,出现了集成的、高速双向通信网络,再通过先进的传感和测量技术、先进的设备技术、先进的控制方法以及先进的决策支持系统技术,实现了电网运行可靠、安全、经济、高效、环境友好和使用安全的目标。

智能电网是电力和通信架构的集合,并将自动化和信息技术结合到现有的电力网络。所以,智能电网本质上是为 21 世纪的社会改进 20 世纪的电力网络,使之更加现代化。智能电网是一种智能化的未来电力系统,通过智能通信系统来连接所有电力供应、电力网络和电力需求等组成要素,同时为电力供应单位和电力消费者带来巨大的效益。

三 智能电网的智能目标

建设智能电网是有目标的,那就是实现电网运行可靠、安全、经济、高效、环境友好和使用安全。电网如果能够实现这些目标,就可以称其为智能电网。

可靠,是指不管用户在何时何地,智能电网都能提供可靠的电力供应。它对电网可能出现的问题提出预警,对电网出现的扰动不会断电。它在用户受到断电威胁前就能采取有效的校正措施,以使电网用户免受供电中断的影响。

安全,是指能够经受物理的和网络的攻击而不会出现大面积停电,或者不会付出高昂的恢复费用。智能电网不容易受到自然灾害的影响。

经济、高效,是指智能电网运行在供求平衡的基本规律之下,价格公平且供应充足。智能电网必须更加高效——控制成本,减少电力输送和分配的损耗,电力生产和资源利用更加高效。

环境友好和使用安全,是指智能电网通过在发电、输电、配电、储能和消费过程中的创新来减少对环境的影响。进一步扩大可再生能源的接入。在可能的情况下,在未来的设计中,智能电网的资产将占用更少的土地,减少对景观的实际影响。而且智能电网还不能伤害到公众或电网工人,也就是对电力的使用必须是安全的。

第二节　智能电网的"特异功能"

　　能源技术从高碳走向低碳，从低效走向高效，从不可持续走向可持续，新型清洁能源取代传统能源，这是大势所趋。开发利用风能、太阳能、海洋能、生物质能等可再生清洁能源成为新能源革命的核心，符合能源发展的轨迹。

　　智能电网的出现就是顺应了能源技术发展大势，符合能源发展的规律，这是由于智能电网具有"特异功能"。智能电网与一般电网不同，有它自己的特征，这些特征从功能上描述了电网的特性，使它具有"特异功能"，形成了智能电网完整的景象。

智能电网具有"特异功能"

一 奇特的"免疫功能"

智能电网与一般电网不同,它能"自愈"。所谓自愈,是一种稳定和平衡的自我恢复机制,就是当出现故障时,无需干预即可自动隔离故障、恢复电网运行的功能。所以智能电网具有"免疫功能",是一种自愈电网。

要是电网中出现了有问题的元件,电网会自动地将它从系统中隔离出来,并能在不用人为干预的情况下,可以使系统迅速恢复到正常运行状态,从而几乎不中断对用户的供电服务。

自愈是智能电网的"免疫系统",是智能电网最重要的特征。自愈电网在运行中,能连续不断地进行在线自我评估,预测电网可能出现的问题。一旦发现了存在或正在发展的问题,智能电网系统会立即采取措施加以控制或纠正。

自愈电网确保了电网的可靠性、安全性,保证了电网的电能质量和效率。自愈电网会尽量减少供电服务中断,充分应用数据获取技术,避免或限制电力供应的中断,迅速恢复供电服务。

智能电网采用实时测量技术,能确定最有可能出现问题的发电设备、发电厂和线路;实时应急分析能确定电网整体的健康水平,触发可能导致电网故障发生的早期预警,确定是否需要立即进行检查或采取相应的措施。

自愈电网

智能电网经常连接多个电源,当一个电源出现故障或发生问题时,在电网设备中的先进传感器能迅速确定故障,并和附近的设备进行通信,切除故障元件或将用户迅速地切换到另外的可靠的电源上。同时,先进的传感器还有检测故障前兆的能力,在故障实际发生前,将设备状况告知系统,系统就会及时地提出预警信息。

二 让用户参与管理

在智能电网中,用户是电力系统不可分割的一部分。智能电网鼓励和促进用户参与电力系统的运行和管理。

从智能电网的角度来看,用户的需求完全是另一种可管理的资源,它将有助于平衡供求关系,确保系统的可靠性。从用户的角度来看,电力消费是一种经济的选择,通过参与电网的运行和管理,修正其使用和购买电力的方式,从而获得实实在在的好处。用户通过智能电表,可以清楚地知道自己的电力消费情况,知道实时电价,决定购买电力的方式。

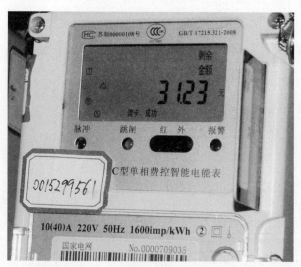

智能电表

在智能电网中,用户将根据自己的电力需求和电力系统满足其需求的能力来调整其电力消费。电力系统可为用户在能源购买中提供更多的选择,减少或转移高峰时段的电力需求,使电力公司尽量减少营运开支。

智能电网不仅能满足用户电力消费数量上的需求,还能满足用户需求的电能质量。由于现代用户用电设备的数字化,对电能质量越来越敏感,电能质量问题可以导致生产线停产、电器设备停止工作,对社会经济发展造成重大的损失。因此,提供能满足 21 世纪用户需求的电能质量是智能电网的又一重要特征。

由于电能质量问题不是电力公司一家的问题,而并非所有的企业用户和居民用户都需要相同的电能质量,因此需要制定新的电能质量标准,对电能质量进行分级。电能质量的分级可以从"标准"到"优质",取决于消费者的需求。智能电网将以不同的价格水平提供不同等级的电能质量,以满足用户对不同电能质量的不同需求。

三 自动抵御攻击

现代生产、生活离不开电力,现代社会最怕供电突然中断,供电突然中断会给社会生产、经济活动带来重大经济损失,也会影响人们的正常生活,所以现代社会对电网的安全要求格外突出。

智能电网在受到外界攻击时,具有自动抵御攻击的能力,在被攻击后具有快速恢复的能力。智能电网的设计和运行都把阻止攻击、最大限度地降低其后果和快速恢复供电服务作为重要的目标。智能电网还能同时承受外界对电力系统的几个部分的攻击和在一段时间内多重的攻击。

智能电网的安全性包含威慑、预防、检测、反应,以尽量减少和减轻对电网和经济发展的影响。对于外界攻击,不管是来自自然界的还是人为的,也不管是物理攻击还是网络攻击,事先就进行有效防范。智能电网是通过加强电力企业与政府信息部门的密切沟通,在电网规划中强调安全风险,通过加强网络安全等手段,提高智能电网抵御风险的能力。

对于来自输电和配电系统中的电能质量事件,通过其先进的控制方法,监测电网的基本元件,从而快速诊断并准确地提出解决任何电能质量事件的方案。在智能电网的设计中,就考虑减少由于外部环境变化引起的电能质量的扰动;在智能电网的建设中,同时应用新技术、新材料,如超导、储能以及改善电能质量的电力电子技术的最新研究成果来解决电能质量的问题。

另外,智能电网将采取技术和管理手段,使电网免受由于用户的电子负载问题所造成的电能质量的影响,限制用户负荷产生的不合格电流注入电网。除此之外,智能电网将采用适当的滤波器,以防止不合格电流送入电网,降低电能质量。

四 无缝地"即插即用"

智能电网还有一个重要特征:智能电网将安全、无缝地容许各种不同类型的发电和储能系统接入系统,简化联网的过程,类似于电源插头"即插即用"。

由于智能电网改进了互联标准,从小到大各种不同容量的发电设备和储能装置,在所有的电压等级上都可以互联,包括分布式电源如光伏发电、风电、先进的电池系统、即插式混合动力汽车和燃料电池。这样,各种各样的发电方式和储能系统的电力容易接入电网。

商业用户安装自己的发电设备和电力储能设施将更加容易和更加有利可图。在智能电网中,大型集中式发电厂如风电和大型太阳能电厂及先进的核电厂发出的电力,可以方便地接入,并发挥重要的作用。

智能电网"即插即用"这一特征为新能源的应用、推广开辟了道路。同时,各种各样的分布式新能源电站电源的接入,一方面减少了对外来能源的依赖,另一方面可提高供电的可靠性和电能质量,特别是应对战争和恐怖袭击具有重要的意义。

风电场电力也可"即插即用"

新能源开发出来了,要实现更有效的利用,就需要上网。而智能电网的智能调度则解决了这一问题,它为新能源推广应用开辟了道路。现代化的智能电网允许即插即用地连接任何电源。这样,新能源才可进行市场化交易。

因此,在坚强电网的基础上,发展具有信息化、自动化、互动化特征的智能电网就成为了电网发展的必然选择。发展智能电网,要将新能源作为重要的着力点,全面掌握新能源发展的规划和布局,将建设统一坚强智能电网与新能源发展紧密结合。

第三节 走近数字化变电站

一 什么是数字化变电站

变电站是改变电压的场所,把发电厂发出的电能输送到较远的地方,必须把电压升高,变为高压电,到了用户附近,再把电压降低,这种升降电压的场所就是变电站。

智能电网输送电能也要有变电站,它是数字化变电站。数字化变电站是智能电网中改变电压的场所,是智能电网的关键设备。数字化变电站通过信息采集、传输、处理、输出过程的完全数字化,实现设备智能化、通信网络化、运行管理自动化等要求。所以,数字化变电站是智能电网的物理基础,是智能电网建设中的关键设备,也是变电站发展的必然趋势。

中国首座数字化变电站

数字化变电站自动化系统的结构在物理上可分为两类,即智能化的一次设备和网络化的二次设备;在逻辑结构上可分为三个层次,这三个层次分别称为过程层、间隔层和站控层。

智能化的一次设备采用微处理器和光电技术设计,简化了常规机电式继电器及控制回路的结构,并用数字程控器及数字公共信号网络取代传统的导线连接。这使得常规的强电模拟信号和控制电缆被光电数字和光纤代替。

网络化的二次设备是指变电站内常规的二次设备,如继电保护装置、测量控制装置、远动装置、故障录波装置、电压无功控制、同期操作装置和在线状态检测装置等,它们全部采用标准化、模块化的微处理机设计制造,设备之间的连接全部采用高速的网络通信。

数字化变电站主要系统由四部分组成:全数字和光纤的信号采集系统,继电保护和综合自动化系统,数字遥视监控系统,智能高效的电能质量调节系统。这四个系统构成了智能电网的数字化变电站的主要特征。

二　数字化变电站的优点

在变电站自动化领域中,智能化电气的发展,特别是智能开关、光电式互感器机电一体化设备的出现,使得变电站自动化技术进入了数字化的新阶段,数字化变电站就是这样出现的。

数字化变电站的主要优点有以下几个方面:

一是各种设备和功能共享统一的信息平台,共用统一的信息模型、数据模型、功能模型,避免设备重复投入,提高了设备利用率,节省了运行成本。

二是变电站传输和处理的信息全数字化,设备智能化,测量精度高,而且接线简单,数据无缝交换,信息传输通道都可自检,可传输具有可靠性、完整性、实时性的高质量信息。这样,可以实现管理自动化。

三是光纤取代电缆,电磁兼容性能优越。通过光纤或高速通信电缆连接到控制计算机中,进行自动巡检记录、故障选线、远程通信、远程控制等。

随着计算机技术的不断发展,计算能力提高,变电站自动化在技术上也不断提升,数字化变电站的优点也将会更加显现,它所涵盖的方面也越来越多。特别是无人值守变电站大规模推广,对变电站的数字化要求更加全面和深入,数字化变电站应用前景广阔。在智能电网规划的推动下,预计在未来,数字化变电站将成为新建变电站的主流,逐步取代常规变电站。

我国已经开发出了多个数字化变电站,我国第一个 500kV 数字化变电站试点工程已成功投入运行。

第四节　智能电网核心技术

智能电网的出现和发展是能源技术发展的结果,是现代科学技术的成就。智能电网之所以与一般电网不同,是由于它采用了独特的技术,才使它具有"特异功能",形成了智能电网自己的特征。

一　智能电网的通信技术

智能电网是通过高速通信网络实现对运行设备的在线状态监测,以获取设备的运行状态,并在最恰当的时间给出需要维修设备的信号,实现设备的状态检修,使设备运行在最佳状态。

先进的信息技术提供大量的数据和资料,这些信息为设计人员提供工程设计的依据,从而创造出最佳的设计;也为规划人员提供所需的数据,从而提高其电网规划的能力和水平。这样,电网运行和维护费用及电网建设投资将得到更为有效的控制和管理。

高速通信网络实现在线监测

建立高速、双向、实时、集成的通信系统是实现智能电网的基础,没有这样的通信系统,任何智能电网的优势都无法实现。因为智能电网的数据获取、保护和控制都需要这样的通信系统的支持,所以建立这样的通信系统是迈向智能电网的第一步。同时,通信系统要和电网一样深入千家万户,这样就形成了两张紧密联系的网络,一张是电网网络,另一张是通信网络,只有这样才能实现智能电网的目标,体现主要优势。

建成了高速双向通信系统,智能电网才能通过连续不断的自我监测和校正,应用先进的信息技术,实现其最重要的自愈特征。它还可以监测各种扰动,进行补偿,避免事故的扩大。高速双向通信系统使得各种不同的智能电子设备、智能表计、控制中心、电力电子控制器、保护系统以及用户进行网络化的通信,提高对电网的驾驭能力和优质服务的水平。

智能电网的通信技术领域主要有两个方面:一是建立开放的通信架构,形成一个"即插即用"的环境,使电网元件之间能够进行网络化的通信;二是采用统一的技术标准,使所有的传感器、智能电子设备及应用系统之间实现无缝的通信,实现设备和设备之间、设备和系统之间、系统和系统之间的互操作功能。

二 智能电网的量测技术

智能电网之所以有智能，是电网采用了先进的参数量测技术，用它来获得数据，并将其转换成数据信息，以供智能电网的各个方面使用。利用参数量测技术可以评估电网设备的健康状况和电网的完整性，进行表计的读取、消除电费估计以及防止窃电、缓减电网阻塞以及与用户的沟通。

未来的智能电网将取消所有的电磁表计及其读取系统，取而代之的是可以双向通信的智能固态表计。这种智能固态表计除了可以计量每天不同时段电力的使用和电费，还储存有电力公司下达的高峰电力价格信号及电费费率，并通知用户该时段实施什么样的费率。更高级的智能固态表计可以让用户自行根据电力公司的费率政策编制时间表，自动控制用户内部电力使用。

对于电力公司来说，参数量测技术给电力系统运行人员和规划人员提供了更多的有关用户需求和电网的有关数据，包括功率、电能质量、相位关系、设备健康状况和能力、表计的损坏、故障定位、变压器和线路负荷、关键元件的温度、停电确认、电能消费和预测等数据。新的软件系统将收集、储存、分析和处理这些数据，为电力公司的其他业务所用。

未来的数字保护将嵌入计算机代理程序，极大地提高其可靠性。在一个集成的分布式的保护系统中，保护元件能够自适应地相互通信，这样的灵活性和自适应能力极大地提高了可靠性，即使部分系统出现了故障，其他的带有计算机代理程序的保护元件仍然能够保护系统。

三 智能电网的设备技术

智能电网广泛应用先进的设备技术，极大地提高输配电系统的性能。未来智能电网中的设备将充分应用材料、超导、储能、电力电子和微电子技术方面的最新研究成果，从而提高功率密度、供电可靠性、电能质量以及电力生产的效率。

　　未来智能电网的设备技术主要有电力电子技术、超导技术以及大容量储能技术。通过采用这些新技术，在电网和负荷特性之间寻求最佳的平衡点来提高电能质量。通过应用和改造各种各样的先进设备来提高电网输送容量和可靠性。

　　在智能电网的配电系统中，要引进许多新的储能设备和电源，同时要利用新的网络结构，如微电网结构。

　　智能电网中，分布式发电将被广泛地应用，多台机组间通过通信系统连接起来形成一个可调度的虚拟电厂。超导技术将用于短路电流限制器、储能、低损耗的旋转设备以及低损耗电缆中。先进的计量和通信技术将使得需求响应的应用成为可能。

　　新型的储能技术将被应用在分布式能源或大型的集中式电厂中。大型发电厂和分布式能源都有其不同的特性，它们必须协调、有机地结合，以优化成本，提高效率和可靠性，减少对环境的影响。

智能电网提高输配电系统性能

四　智能电网的控制技术

　　智能电网的控制技术是指智能电网中分析、诊断和预测各种发电装置、设备的状态,并确定和采取适当的措施以消除、减轻和防止供电中断和电能质量扰动的装置和算法。

先进控制技术提供对输电、配电和用户方的控制方法,并可以管理整个电网。从某种程度上来说,先进控制技术紧密依靠并服务于其他四个关键技术领域,即参数量测技术、集成通信技术、先进设备技术和先进决策技术。另外,先进控制技术支持市场报价技术以及提高资产的管理水平。

未来先进控制技术的分析和诊断功能将引进预设的专家系统,在专家系统允许的范围内,采取自动的控制行动。这样所执行的行动将在秒一级水平上,这一自愈电网的特性将极大地提高电网的可靠性。先进控制技术借助于分布式智能代理软件、分析工具以及其他应用软件,可以完成以下工作:

先进控制技术将使用智能传感器、智能电子设备以及其他分析工具,收集数据和监测电网元件,测量系统和用户参数以及电网元件的状态情况,对整个系统的状态进行评估,同时还利用全球卫星定位系统的时间信号,实现电网早期预警。

先进控制技术使用智能电子设备分析数据,将数据转化成信息,用于快速决策;还将应用这些准实时数据以及改进的天气预报技术来准确预测负荷;进行概率风险分析,确定电网是否在设备检修期间。

智能电网通过实时通信系统和高级分析技术的结合,诊断和解决问题,由高速计算机处理的准实时数据方便专家诊断,以确定现有的、正在发展的和潜在的问题的解决方案,并提交给系统运行人员进行判断。它还可以降低已经存在问题的扩展,防止紧急情况的发生。

先进控制技术不仅给控制装置提供动作信号,而且也为运行人员提供信息,辅助运行人员进行决策。

第五节　智能电网的发展

一　谁需要智能电网

　　智能电网这一新生事物的出现，引起世界各国相关方面的关注。人们关心智能电网及其发展。

　　谁需要智能电网？

　　人们在生活中会遇到电网供电中断的时候，电视不能看了，空调不工作了，电脑不能使用了。工厂要是遇到停电，就得停工。停电给人们工作、学习、生活带来极大的不便。

　　智能电网的出现，提高了电网的可靠性，提高了自动化程度，电能来源多样化,其中一个电源供电中断后,另一个电源可以替代。同时,智能电网能提高电能质量,满足用户电能质量要求。而且,用户在满足电能需求的同时,能作出更好的消费选择,为保护地球生态出一份力。

对于发电企业和电网企业来说,智能电网使电网运行安全可靠,可以大幅度降低电网建设成本和运行成本,因为智能电网可以降低高峰负荷和输电损耗。

对国家和社会来说,智能电网的出现使国家电网更安全,避免停电或电网故障带来的巨大经济损失。智能电网可以减少电能生产、传输过程中的污染,降低能耗,提高能源利用效率,进而形成高效的电能分配系统。

正因为广大民众、发电企业、电网企业和全社会需要智能电网,才促进了智能电网的发展。

二 国外的智能电网

在美国总统奥巴马的经济刺激方案中,智能电网就被列为重要项目,而且美国还为此制定了 35 亿美元规模的预算。

美国智能电网建设

2009 年 1 月 25 日美国政府宣布:将铺设和更新 3000 英里(注:1 英里＝1.609344 千米)输电线路,并为 4000 万美国家庭安装智能电表,以促进美国互动的智能电网发展。美国的智能电网重点是研发可再生能源和分布式电源并网技术;同时发展智能电表,使消费者可以根据自身需要在不同价格时段使用电力。

2009 年 2 月 4 日,地中海岛国马耳他宣布建立一个"智能公用系统"的计划,实现该国电网和供水系统数字化,其中包括在电网中建立一个传感器网络,使其电网智能化。这个传感器网络和输电线、各发电站以及其他的基础设施一起提供相关数据,让电厂能更有效地进行电力分配并检测到潜在问题,并通过专门开发的软件搜集、分析数据,帮助电厂降低成本和减少该国碳密集型发电厂的碳排放量。该计划还将把马耳他 2 万个普通电表替换成互动式电表,这样马耳他的电厂就能实时监控用电,并制定不同的电价来奖励节约用电的用户。

三　中国的智能电网

在美国的坚强智能电网计划浮出水面时,中国智能电网的研究和发展早已在如火如荼地进行了。

2009 年 5 月 21 日,中国首次提出智能电网发展目标。中国要打造的坚强智能电网是以特高压电网为骨干网架,通过先进的设备技术和控制方法,实现安全、高效运行的电网。它既可以减少长距离输电的损耗,也有利于风电、太阳能发电等间歇性能源的并网利用。

中国智能电网发展立足于自主创新,加快建设以特高压电网为骨干网架,各级电网协调发展,具有信息化、数字化、自动化、互动化特征的统一的坚强智能电网。其中对智能电网提出了框架性的发展目标,国家电网公司将分以下三个阶段推进坚强智能电网建设:

2009～2010 年是中国智能电网规划试点阶段,重点开展坚强智能电网发展规划,开展关键技术研发和设备研制,开展各环节的试点;2011～2015 年是全面建设阶段,将加快特高压电网和城乡配电网建设,初步形成智能电网运行控制和互动服务体系,关键技术和装备实现重大突破和广泛应用；2016～2020 年将全面建成统一的坚强智能电网，技术和装备达到国际先进水平。届时，电网优化配置资源能力将大幅提升，清洁能源装机比例达到 35％，分布式电源实现"即插即用"，智能电表普及应用。

建设中的中国智能电网

第六章
异想天开的新能源

现在世界上大部分的发电站、交通工具使用的是煤、石油、天然气一类矿石燃料，而矿石燃料是不可再生能源，日渐枯竭。只有提高发电站效率，使用节能交通工具，企事业单位和居民节约用电，减少机动车的使用，才能减少矿石燃料消耗，缓解能源紧张，但这并不是最有效的办法。最有效的办法是改用新能源发电，使用新能源交通工具，让新能源替代煤、石油、天然气一类矿石燃料。

新能源实际上是一种替代能源，是替代煤、石油、天然气一类矿石燃料的能源。开发新能源需要创新，要用创新的思路、创新的方法和技术，去开拓新能源的新领域。所以，开发新能源有时需要异想天开。开发新能源浪潮席卷全球，科技专家、发明家及爱好幻想和科技发明的人提出了许多千奇百怪的开发新能源的设想。

第一节　微波能新领域

微波无时不在，无处不有，它日日夜夜陪伴着现代人。微波能能造福人类，也给人类带来烦恼。使人意想不到的是微波能作为一种新能源给人以惊喜，为人类开辟了新能源的新疆界。

一　从微波炉说起

在1980年巴黎日用电器展览会上，出现了一种神奇的炊具，可以方便地烧饭做菜，它就是微波炉。

微波炉是利用其核心元件磁控管产生高频电磁场，将电能转化为微波能，再由微波能转化为热能，加热食物。微波炉烧饭做菜的速度是传统炊具无法比拟的,故有"烹饪之神"之称。

微波炉加热食物的原理是利用微波遇到金属会产生反射,但可以穿过玻璃、陶瓷、塑料等绝缘体,而遇到含有水分的食物,包括蔬菜、肉类、粮食,不但不能透过,其能量反而会被吸收。食物分子在高频磁场中发生震动,使食物中的水分子也随之运动。分子间相互碰撞、摩擦,剧烈的运动产生了大量的热能,于是食物被"煮"熟了。微波炉正是利用这一加热原理来对食物进行烹饪。

在用普通炉灶煮食物时,热量总是从食物外部逐渐进入食物内部的。而用微波炉烹饪,热量则是直接深入食物内部,所以烹饪速度比其他炉灶快4~10倍,热效率高达80%以上。

用微波炉烹饪食物,不仅烹饪速度快、热效率高、节省电力,而且无烟、干净、清洁卫生,还可以保持食品的营养价值,又可以杀灭细菌。

为此,诞生时间不长的微波炉迅速地得到推广应用。现在,微波炉已经进入千家万户,成为我们常用的家用电器。

微波能不仅用于炊具,也可以运用于制造微波水壶,加热开水;还可以用来制造微波烘干机,烘干衣服,杀灭衣服上的细菌。在工业生产上,利用微波能制造微波电焊机,用于零部件的焊接,其效能可达到60%以上;还可以利用微波能制造微波烟尘过滤器,可使柴油机排气污染减少90%。

微波能正在越来越多领域中得到应用,利用微波能的工具、设备也越来越多,现代生活离不开微波能。

二 微波与微波特性

微波能为什么能得到广泛应用? 微波能为什么能造福人类?

让我们来认识一下微波及它的特性。

微波是一种波长为1毫米到1米波段的无线电波,是分米波、厘米波、毫米波和亚毫米波的统称。由于微波频率比一般的无线电波频率高,通常也称为"超高频电磁波"。

微波的基本性质通常呈现为穿透、反射、吸收三个特性。穿透性,由于微波比红外线、远红外线的波长长，因此具有更好的穿透性。对于玻璃、塑料和瓷器，微波几乎是穿透而不被吸收。反射性，对金属类物品，则会反射微波。吸收性，对于水和食物等就会吸收微波而使自身发热。由于水分子属极性分子，吸收微波的能力很强，因此，对于食品来说，含水量的多少对微波加热效果影响很大。

微波波长很短，比地球上的一般物体尺寸相对要小得多，使得微波的特性与几何光学相似，即所谓的似光性。微波的特性又与声波相似，即所谓的似声性。

因此，可以通过制成体积小、方向性很强、增益很高的天线系统，接受来自地面或空间各种物体反射回来的微波。

微波具有非电离性，利用这一特性，可以制作许多微波器件；微波还具有信息性，这是由于微波频率很高，其可用的频带很宽，这意味着微波的信息容量大，所以现代多路通信系统几乎无一例外都是工作在微波波段。

由于微波具有这些特点，因此微波的产生、放大、发射、接收、传输、控制和测量等一系列技术都不同于其他波段，微波成为一门技术科学。利用微波的特性可以进行微波通信。卫星通信就是微波通信的一种形式。

三　微波输电

人类应用电力已有 160 多年的历史，电能的输送都靠电线，目前应用较多的是用铜、铝等金属做成的导线，与之配套的还有铁塔、电杆等。导线输电有三大弊端：一是造价太高，目前 500 千伏超高压输电线路平均造价每千米 50 万元左右，我国幅员辽阔，送电线路投资大得惊人；二是用电线送电损耗太大，电能在输送过程中一部分转换成热量，白白浪费掉；三是铁塔、电杆占用大量土地，导线耗用大量金属。

能不能省去导线，用其他办法送电呢？

早在 19 世纪，德国物理学家赫兹就发现微波可以聚集成一个很窄的波束，定向向外界发射。这样，它的能量不会分散，而且可以集中到一处去使用，这让远距离使用微波能成为可能。1899年，美国人特斯拉在高楼上还进行了微波发射的试验。

传输介质一般可分为有线传输介质和无线传输介质两类。微波属于无线传输介质一类，它是一种高频电磁波，微波可以在无介质的情况下进行传播，而且微波能与电能可以相互进行直接转化。电能转变成微波能用的是磁控管，而当金属材料接触到微波的时候自身就会带电。所以，可以利用微波来输电。

微波输电需要一个微波发生器，也就是磁控管来产生微波，让电能转变成微波能，然后把微波射向用户，用户就可以接受到微波能，并把它再转化成电能。

用微波输电没有金属导线输电的三大弊端，微波能顺利通过电离层而不被反射。所以，微波输电可以在宇宙空间进行。微波输电几乎没有能量损耗，通过大气层时的损耗约为2%。由于微波对人体有害，因此不能在地面进行大功率输电。

日本已制造出卫星电站，位于地球静止轨道上，发电能力500万千瓦，距离地面3.6万千米，不可能用导线把电送到地面，而是采用微波输电。微波输电就是把太阳能电池产生的直流电能用微波管转换成微波波束，由天线发射到地面接收站，再还原为交流电送到用户中。

由于微波输电使电力送、供、用的结构变得简单，它能改变因能源资源不均衡而造成的电力输送不经济、不合理的状况，因此，微波输电应用前景十分广阔。

微波输电在技术上还存在一定问题，地面接收天线面积很大，其功率密度低，虽然对环境和生态影响不大，但对通信和雷达、射电天文干扰很大，所以微波输电要大面积推广还需时日，但可以肯定，随着科技的发展，微波输电一定会在将来大显身手。

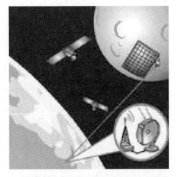

实验型微波输电装置

四　微波动力飞机

第二次世界大战后,由微波传输能量的试验获得成功,接着就有一些国家开始研究怎样从地面发射微波能,供飞机作为发动机的动力。微波动力飞机就这样出现了。

微波动力飞机就是以微波能为动力的飞机。为了使飞机能得到足够的动力,可以多设一些微波发射站。通过定向天线,把各个发射站发出的微波集中到一起,对准飞机发射。而且要随着飞机的飞行,地面定向发射天线也要跟着一起运动,以便微波能可以持续不断地集中到飞行的飞机上。

微波动力飞机最大的优点是可以不用携带航空燃料,只要在飞机上装一台直流电动机和微波接收整流装置就可以了。由于不使用传统的燃料,减少了燃料使用造成的污染。

在微波动力飞机起飞时,由机上蓄电池为电动机供电,待升高到100米后,电池关闭,地面上的微波发生器通过锅形天线发射微波。飞机上装备的特殊天线把接收到的微波变成直流电,驱动由电动机带动的飞机螺旋桨,这样飞机就靠微波作动力飞行了。

微波动力飞机的飞行高度与地面微波的功率有关。现在使用的波长为10厘米和3.8厘米的微波,功率为几百千瓦,足够飞机在9000多米的高度飞行使用。如果将两个或多个这样的发生器合并起来,便可供飞机在1.5万米以上的高空飞行使用。

微波动力飞机目前有两种设计方案:一种是螺旋桨飞机,这种飞机上装有半导体整流设备,它可以把地面射来的微波能转变为直流电,直流电带动电动机,电动机带动空气螺旋桨旋转;另一种是喷气式飞机,可以将接收到的微波直接加热喷气发动机的压缩空气,然后空气从尾喷管中喷出去。

当然,微波动力飞机作为一种新事物还存在不少需要解决的问题,主要的一是发射微波的天线很大,直径达60多米,二是微波对人体和环境都十分有害。此外,目前这种飞机的造价,包括地面微波发射设备的造价都较高。

微波动力飞机重量轻,工作效率高,飞机所需的电能由地面供给,因此它在空中飞行可不受燃料的限制。它在军事上可作为预警机守卫国土,也可作为高空侦察机。在民用方面,这种飞机可用来进行农业监测、天气预报等,还可以装上雷达和通信设备,作为广播、电视、通信的空中中转站。

现在,加拿大、美国都已试制出较大型的微波动力飞机。1978 年 10 月,加拿大设计了一种高空无人驾驶微波动力飞机,用作微波通信的中继站,以代替通信卫星。美国也设计了一种微波动力飞

加拿大设计的微波动力飞机

机,它能在 2 万米的高空作"8"字形的航线飞行,用于环境监控,可拍摄地面交通和农作物、森林情况,采集大气中二氧化碳浓度数据等。美国还设计了"阿波罗"号轻型飞机,它是一种用微波作动力的喷气式飞机,可以爬高 1.2 万米。这种飞机还备有自带燃料,以便在大气层外飞行。

五 隐形武器的天敌

20 世纪 90 年代初的一天,一架美国隐形飞机正在进行飞行训练。当它飞进一个基地上空时,突然失控坠落,两名飞行员身亡。基地是美国自己的,隐形飞机怎么会突然坠落以致机毁人亡呢?

专家们进行调查后才知道,该基地正在进行微波武器试验,是微波武器试验时辐射的微波导致隐形飞机机毁人亡的。

第二次世界大战前,就有人提出利用电磁波击毁飞机的设想,并进行了研究。第二次世界大战期间,航空母舰上有舰员发现,当舰上的大功率雷达工作时,对在航空母舰附近飞行的飞机上的电器设备有干扰。第二次世界大战后的冷战期间,美国、苏联两国的海军常在公海上对峙。一次,美国的一艘航空母舰遇到苏联电子侦察船的跟踪和纠缠。美国的武器专家想了一个办法:把航空母舰上所有的雷达天线对准电

子侦察船,并把舰上各种无线电装置的功率调到最大,发射强大的微波。这办法真管用!苏联电子侦察船灰溜溜地开走了。原来,航空母舰发射的强大微波使电子侦察船的电子设备遭到了破坏。

美国是从 1987 年开始研究微波武器对空中飞机、导弹的破坏作用。20 世纪 90 年代,美国加快了微波武器的发展步伐,并开始装备部队。

微波武器发射的微波是一种高频电磁波,波长范围在 0.01～1000 毫米,它可利用特殊天线汇聚成方向性好、能量密度高的波

美国研制的一种微波武器

束,在空中以光速沿直线传播,所以微波武器又叫做射频武器。微波武器发射的微波与被照射物体之间的分子互相作用时,电磁能转变成热能,瞬间使被照射物体内外受热,产生高温,烧毁被照射物体,起到杀伤破坏作用。

微波武器是利用微波能量来起杀伤破坏作用,可以干扰和烧毁武器系统中的电子设备,也可以杀伤战斗人员。它能穿透大于其波长的缝隙,杀伤目标人员,连封闭的工事、装甲车里的战斗人员也难以幸免。

微波武器有两类:第一类是非杀伤性微波武器,用于干扰、破坏敌方的电子设备和技术装备;第二类是杀伤性微波武器,功率大,是利用微波能量来毁坏敌方的飞机、导弹、坦克、战车、舰艇等武器装备,杀伤敌方战斗人员。

微波武器由超高功率的微波发射机、大型天线、电源、瞄准及控制系统组成,使微波能量高度集中,以极高功率射向目标。它具有威力大、作用距离远的特点,是战场上看不见的杀手。特别是对于隐形飞机,杀伤作用更大,微波武器是隐形飞机的克星。可以这样说,微波武器是隐形武器的天敌。

第二节　捕捉雷电

大自然中雷电会瞬间释放巨大的能量。据测算，一次强烈闪电释放的电量，可以牵引一列 14 节火车行进 200 千米，或者点亮 300 万盏电灯泡。

一　富兰克林的风筝实验

1752 年 6 月的一天，阴云密布，电闪雷鸣，一场暴风雨就要来临了。富兰克林和他的儿子威廉一道，带着上面装有一个金属杆的风筝来到一个空旷地带。富兰克林高举起风筝，他的儿子则拉着风筝线飞跑。由于风大，风筝很快就飞上高空。

为什么要在雷雨天放风筝呢？

富兰克林父子在做捕捉雷电的科学实验。说起富兰克林捕捉雷电，还得从一次电学实验说起。1746 年的一天，一位英国学者在波士顿利用玻璃管和莱顿瓶表演了电学实验。富兰克林怀着极大的兴趣观看了表演，并被电学这一刚刚兴起的科学强烈地吸引住了。从此，富兰克林开始了电学的研究。在一次试验中，富兰克林的妻子碰到了莱顿瓶，被一团电火击中倒地。这起试验中的意外事件，使富兰克林想到了空中的雷电，他断定雷电也是一种放电现象，并专门写了一篇有关雷电的论文。为了证明自己的观点，富兰克林决定亲自捕捉雷电。

刹那间，天空中雷电交加，大雨倾盆。富兰克林和他的儿子一道拉着风筝线，父子俩焦急地期待着，此时，刚好一道闪电从风筝上掠过，富兰克林用手靠近风筝上的铁丝，立即掠过一种恐怖的麻木感。他抑制不住内心的激动，大声呼喊："威廉，我被电击了！"随后，他又将风筝线上的电引入莱顿瓶中。

富兰克林在捕捉雷电

风筝实验的成功，证明了天上的雷电与人工摩擦产生的电具有完全相同的性质。风筝实验的成功使富兰克林在全世界科学界名声大振。英国皇家学会给他送来了金质奖章，聘请他担任皇家学会的会员。他的科学著作也被译成了多种语言。他的电学研究取得了初步的成功。

但是，用风筝来进行雷电实验是危险的。1753 年，俄国著名电学家利赫曼为了验证富兰克林的实验，不幸被雷电击死，这是做雷电实验的第一个牺牲者。血的代价使许多人对雷电实验产生了戒心和恐惧。

二 避雷针的问世

风筝实验的成功没有使富兰克林止步，他不满足于捕捉雷电实验。当时，人们把雷电视为"天火"，"天火"常常作恶，大自然中雷电蕴藏的巨大能源常常要释放，因雷击造成人员伤亡和建筑物倒塌的事件时有发生。

富兰克林想把雷电从空中引到地下，不让雷电作恶。富兰克林不愧是美国历史上杰出的科学家，他在科学领域的研究就涉及物理、数学、光学、热学、植物学和海洋学。避雷针是富兰克林诸多发明中最重要的一种。

面对雷电实验的危险，富兰克林没有退缩，他要发明一种能避免建筑物遭雷击的装置。他的思路是把雷电从空中引到地下，这就是发明避雷针的最初设想。富兰克林经过多次试验，制成了一根实用的避雷针。他把几米长的铁杆用绝缘材料固定在屋顶，杆上紧拴着一根粗导线,一直通到地里。当雷电袭击房子的时候,电就沿着金属杆通过导线直达大地,房屋建筑完好无损。

1754年,避雷针开始应用,但有些人认为这是个不祥的东西,违反天意会带来灾难,就在夜里偷偷地把装在大教堂上的避雷针拆了。然而,科学终将战胜愚昧。一场挟有雷电的狂风过后,大教堂着火了,而装有避雷针的高层房屋却平安无事。事实教育了人们,使人们相信了科学。避雷针相继传到英国、德国、法国,最后遍及世界各地。

避雷针至今还在世界各地应用,避雷针的形式和构造也多种多样。多种多样的避雷针保护了成千上万的建筑物免遭雷击。

三　避雷的秘密

富兰克林捕捉雷电的实验和避雷针的发明意义非凡。千百年来,那轰隆隆响彻天际的雷鸣,刹那间划过长空的闪电,一直让人生畏。雷电曾经是远古文明史上的神圣使者。晴天霹雳通常承载着神秘的力量无数次出现在古老的传说中,而富兰克林居然在暴风雨中成功捕捉到了雷电,并且通过避雷针使高大的建筑物避免了雷击,从而开启了人类对雷电这一自然现象的理性认识之路。

雷电是伴有闪电和雷鸣的一种壮观而又令人生畏的放电现象。雷电一般产生于对流发展旺盛的积雨云中,常伴有强烈的阵风和暴雨。积雨云顶部一般较高,可达20千米,云的上部常有冰晶。由于云层中水滴的破碎及空气对流作用,使云层中产生电荷。云层上部以正电荷为主,下部以负电荷为主,这样云层的上、下部之间形成电位差,当电位差达到一定程度后,就会产生放电,这就是我们常见的闪电现象。在闪电过程中,由于闪电通道中温度骤增,使空气体积急剧膨胀,从而产生冲击波,雷鸣就这样发生了。

带有电荷的云层即雷云与地面的突起物接近时,它们之间就发生激烈的放电现象。在雷电放电地点会出现强烈的闪光和爆炸的轰鸣声,这就是人们见到和听到的电闪雷鸣。

避雷针之所以能避雷,就是因为它装在建筑物最高处,在雷云与地面建筑物接近时,产生放电现象,由于避雷针是金属制成的,导电性能好,把雷云中的电荷从空中传到了地下,使建筑物免遭雷击。

四 引雷,任重道远

尽管人们已经知道了雷电的秘密,避雷针也得到了广泛应用,但是雷击造成的人员伤亡和经济损失事件时常发生。

根据有关资料介绍,每时每刻世界各地大约正有 1800 次雷电交加。它们每秒钟约发出 600 次闪电,其中有 100 次袭击地球。在美国,雷电每年会造成大约 150 人死亡和 250 人受伤。全世界每年有 4000 多人惨遭雷击。除人员伤亡,雷击还会带来其他损失。多年前,我国大兴安岭的森林大火,山东黄岛的油库大火,都是由雷击引起的。

雷电活动频繁,产生的电磁脉冲强,直接危害到电力、能源、通信、交通、航空航天等领域的安全运行。每年由于雷电造成的输电线路毁坏和电力能量传输中断等事故,直接和间接经济损失巨大。

所以,防雷减灾始终是人类长期奋斗的一个目标。为了防雷减灾,我国科技人员研制了一种引雷火箭,当天空中乌云密布、电闪雷鸣时,就把引雷火箭发射到天空。引雷火箭带着一根细长的钢丝钻入乌云中,把云层中蓄积的电能通过细长的钢丝引到地面。顿时,天空中的电闪雷鸣消失了。

引雷火箭把电能引到地面

五 雷电能的利用

雷电中蕴藏有巨大的能量。据测算,天空中每次闪电的平均电流是 3 万安,最大电流可达 30 万安。闪电的电压很高,为 1 亿至 10 亿伏。一个中等强度雷电的功率可达 1000 万瓦,相当于一座小型核电站的输出功率。要是把雷电能利用起来,它的经济效益是十分可观的。

雷电能利用有许多困难,首先,天空中的雷电出现在什么地方,发生在什么时候,事前无法确切知道,雷电像是在和我们捉迷藏,人们无法及时捕捉到它。而且,从地域分布来看,雷电大部分分布在海洋上空,一片雷云的单体尺度大,其长度在1~10千米,所以两次闪电之间间隔距离大,一般达2.4~3.7千米,如果雷电发生时要全部捕捉到它们,就必须大范围行动,这是难以实现的。同时,闪电时释放的电能电压高、电流大,雷云中的电能即使捕捉到了,如何储存,储存在什么地方,又如何利用,这些技术问题还没有得到解决,所以,要大规模利用雷电能,目前只能望洋兴叹!

　　虽然大规模利用雷电能目前还无法实现,但是,在特定项目上倒有成功应用的实例。例如人工闪电制肥,是利用天空中闪电时产生的高温,使空气中的氮氧化,成为氧化氮,氧化氮溶于水就成为硝酸,硝酸与土壤中钾、钠离子结合,形成具有肥效的硝石。

　　人工闪电制肥的具体方法是在田野中立3个制肥器。所谓制肥器,就是3根木杆,长20米,杆与杆之间距离120米。在杆子顶部装有金属接闪器,并用金属导线将其与埋入土中的地线连接。实验表明,在制肥器周围的土壤中,氮含量明显增加,可以增加土壤肥效。

　　日本有人设想利用雷电产生的强大冲击力进行岩石爆破和采矿,还有人设想利用雷电能来夯实建筑物地基。

　　我国是一个自然灾害多发的国家,雷电灾害也不少。如何减少雷电灾害要比如何利用雷电能更为重要。

第三节　太空新能源

　　航天技术的发展,使得人类的目光转向太空,人类的足迹已经出现在太空,到太空去探险,到太空去开发资源,到太空去开拓新疆界。太空经济就这样出现了!

　　发展太空经济,无论是太空旅游、太空农业、太空工业都需要能源,而且地球上的人类也需要来自太空的能源。太空中蕴藏有能源,开发太空新能源将会随着太空经济的发展而发展。

一　太空电站设想

　　向太空要能源,开发宇宙能源本身是太空经济的重要组成部分。随着全球气候变暖和能源短缺问题日益紧迫,向太空要能源这一想法愈来愈迫切。

　　太空里蕴藏哪些自然能源?

　　太空里蕴藏有丰富的太阳能,利用太阳能发电技术,收集太空太阳能作为新能源,建造太空太阳能电站的设想就这样诞生了。

　　还在 20 世纪 60 年代,就有人从科学角度论证了太空太阳能发电技术的可

美国空间太阳能电站构想

行性,认为从太空轨道往地面发射微波是可行的。随着太阳能发电技术的发展,可以利用太阳能电池板收集太阳能并转化成电能。太阳能发电已从设想成为现实,建造、发展太空太阳能电站的呼声也越来越高。

1968年,美国科学家首先提出了建造空间太阳能电站的构想,其思路是:在地球轨道上安置太阳能电池阵,组成太阳能电站,将太阳能转化成电能,再将电能转化成微波能,并利用微波或无线电技术传输到地球。

日本科学家也提出了建造太空太阳能电站的设想,计划在距地面约3.6万千米的高空建造一个太空太阳能电站。这个电站的发电量可以达到10亿瓦,它将能量源源不断地输向一个地面接收站,可满足大约30万个家庭的用电需要。

二 太空太阳能电站的秘密

太空太阳能电站是什么样的? 它是怎样工作的?

太空太阳能电站是指在太空中收集太阳能,将太阳能转化成电能,再通过无线电方式传送到地面的电力系统。

有关太空太阳能电站的设想很多,主要设想由三部分组成:太阳能发电装置、能量转换和发射装置、地面接收和转换装置。

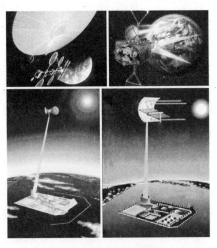

太空太阳能电站设想

太阳能发电装置将空间太阳能聚集起来,转换成电能,能量转换和发射装置将电能转换成含有能量的微波或激光束,用天线发射到地面,地面接收和转换装置通过其接收系统接收空间发射来的能束,再通过转换装置转换成电能,送往传统的输电网,供人类使用。由于微波传输比激光束传输具有更多优点,因此大多太空太阳能电站采用微波传输。

从能源角度来看,太空太阳能电站只是一个能源转换装置。它将存在于太空中的太阳能聚集起来,转换成电能,再转换成微波能或激光束能,进行无线传输到地面后,再转换成电能。

三 太空电站的优缺点

从太空太阳能电站获得的能源来自空间太阳能,它是一种可再生能源,取之不尽,用之不竭。这种再生能源具有下列优点:

一是太空中的阳光强度要比地面大 5～10 倍,太空太阳能发电技术可提供恒定而没有污染的能量,这与地面上断断续续、受云层遮盖影响较大的太阳能利用方式有很大区别。

二是太空太阳能电站建立在太空,不会像燃料电厂那样排放污染物,也不会像核电站那样产生放射性废料。由于在接收太空太阳能时不受黑夜、大气层、云层、阴雨天的影响,发电量将是地球太阳能发电效率的 10 倍以上。太空发电将不分昼夜,可 24 小时全天候进行。不仅如此,太空太阳能发电还具有环保、高度的灵活性与机动性两个特殊优势。

但是,太空太阳能电站要变为现实,存在一些需要解决的问题:首先是太空太阳能发电技术的安全性,太空太阳能发电技术的本质是微波辐射,微波辐射是一种非离子化过程,从该系统中扩散出去的能量束对人体或野生动物会不会构成健康威胁,例如,把飞鸟烤熟,或把云层变成蒸汽。同时,太空太阳能电站建立在太空,面临很多危险因素,特别是来自太空垃圾的撞击。此外,要使卫星发射出来的巨大微波束与地面的网格形天线一直保持同步,也是一个尚未解决的技术难题。

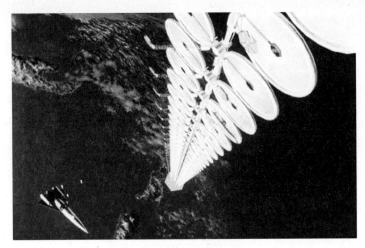

美国拟建的太空太阳能电站

四　各种各样的太空电站方案

太空太阳能电站诱人的前景吸引了世界各国的科学家,他们提出了各种各样的太空太阳能电站的系统设计方案。

美国在 1979 年提出一个空间太阳能电站的系统设计方案,它以全美国一半的发电量为目标进行设计。该方案计划在地球静止轨道上布置 60 个发电卫星。美国在 20 世纪 90 年代又提出大型蚌壳状聚光器设计,将太阳能反射到两个位于中央的光伏阵列。它的聚光器面向太阳、桅杆、电池阵、发射阵作为一体,旋转对地,应对每天的轨道变化和季节变化。

日本科学家提出了分布式绳系卫星的概念。其基本单元由尺寸为 100 米×95 米的单元板和卫星平台组成,单元板和卫星平台间采用四根 2～10 千米的绳系悬挂在一起。单元板是由太阳能电池、微波转换装置和发射天线组成的夹层结构板,共包含 3800 个模块。该设计方案的模块化设计思想非常清晰,有利于系统的组装、维护,但系统的质量仍显巨大,特别是利用效率较低。

欧洲在 1998 年提出了欧洲太阳帆塔的概念。采用可展开的轻型结构——太阳帆,每一块太阳帆电池阵为一个模块,尺寸为 150 米×150 米,发射入轨后自动展开,在低地轨道进行系统组装,再通过电推力器转移至地球同步轨道。

2007 年 9 月,美国的一位企业家提出,要在一个无人居住的海岛上修建太空太阳能小型示范项目。利用距地球 480 千米的卫星,发电站能把 1 兆瓦的太阳能传回地球,供 1000 个家庭使用。2008 年,美国和日本两国的科研人员已跨越了太空太阳能发电技术的一个重要门槛,他们在夏威夷两座相距 145 千米的海岛上,成功实现了微波级能量的无线远距离传输,这个距离相当于从太空轨道传送能量到地面所要穿透的大气层厚度。美国太空能源公司拟建造的第一座营业性太阳能电站,其设计的不间断发电能力为 1000 兆瓦,相当于一座大型的核电站。

我国空间太阳能电站研究还处于刚刚起步的阶段,我国专家提出的我国空间太阳能电站发展路线图分为四个发展阶段。第一阶段:2011～2020 年,开展空间太阳能电站系统方案详细设计和关键技术研究。第二阶段:2021～2025 年,进行我国第一个低轨道空间太阳能电站系统研制。第三阶段:2026～2040 年,研制地球同步轨道验证系统,进行空间—地面、空间—空间无线能量传输。第四阶段:2036～2050 年,研制我国第一个商业化空间太阳能电站系统,实现空间太阳能电站商业运行,运行寿命 30 年以上。

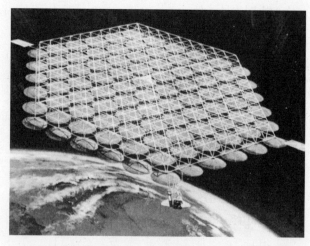

中国专家提出的空间太阳能电站的构想

21 世纪,在太空建成太阳能发电站将会成为现实。一旦太空太阳能发电技术获得成功,将会改变能源的整体格局。

五 向反物质要能源

2010 年 11 月 17 日,欧洲核子研究中心的科学家们宣布,他们通过大型强子对撞机,成功"抓住"了反物质原子。

这一发现引发了科学家们极大的反响。原来,欧洲核子研究中心早在 1995 年就制造出了反氢原子,但只能存在几微秒的时间,这次制造出数个反氢原子存在了"较长时间"——约 0.17 秒。

什么是反物质呢?

反物质是一种假想的物质形式,是反粒子概念的延伸,反物质是由反粒子构成的。物质与反物质的结合,会如同粒子与反粒子结合一般,导致两者湮灭并释放出高能光子或伽马射线。

反物质可以作为能源使用,反物质能量可以用来驱动未来的太空火箭。在一些科幻小说中,星际旅行的飞船是用反物质作为燃料的,几克、几十毫克的反物质就能把人类送上火星。有军事专家还想用它来制造武器,美国有媒体曾透露了美国空军有"反物质武器研究计划"。

太空中存在有反物质,要是能收集到宇宙中的反物质,让它成为新能源,那么世界上的其他能源将会不再需要了。

当然,按照目前的科技水平,在地球上制造可以控制的反物质,或到太空中收集反物质还无法实现,但是,向反物质要能源可以成为开发新能源的一种新思路。

第四节　航天飞缆发电

　　2011 年 7 月 21 日，美国"阿特兰蒂斯"号航天飞机圆满完成最后一次飞行任务后，在佛罗里达州肯尼迪航天中心安全着陆。跑道附近，2000 多名彻夜未眠的人们聚集欢呼，欢迎"阿特兰蒂斯"号胜利归来，也是在欢送航天飞机即将远去。美国航天飞机机队整体退伍，航天飞机退出了历史舞台，为美国长达 30 年之久的航天飞机计划画上了句号。

　　航天飞机在航天史上作出的贡献让人们无法忘怀。在航天飞机上曾经做过许多重要的科学试验，意义深远，其中航天飞缆发电试验就是一项重要的科学试验，它给人们展示了开发太空新能源的美妙前景。

"阿特兰蒂斯"号航天飞机安全归来

一　神奇的航天飞缆

　　1992 年 7 月 31 日，美国航天飞机上束缚了一颗卫星，卫星上连着一根 20 千米长的铜缆索，人们称它为飞缆。为什么要在太空释放飞缆呢？

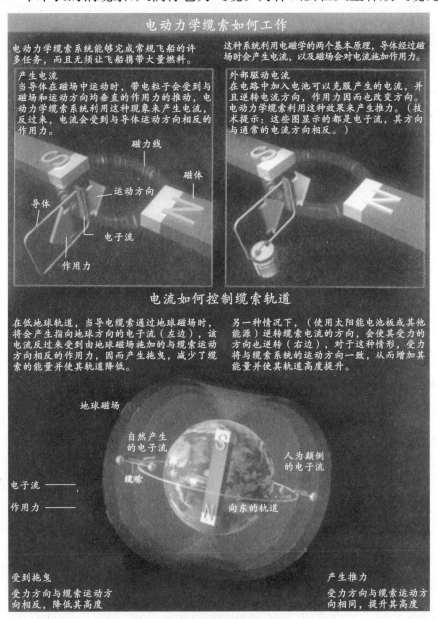

航天飞缆原理

原来，航天员在太空中进行释放飞缆的试验是为了验证科学家提出的航天飞缆发电设想。按照科学家的设想，导电的航天飞缆以巨大的速度切割地球磁场的磁力线，飞缆中就会产生感应电流。所以，航天飞缆可以用来发电，为宇宙飞船、卫星提供电力。

航天飞缆是一种采用柔性缆绳将两个物体连接起来的系统。当缆绳导电时，整个系统成为一种电动力学缆索，又称 EDT。常规飞船采用化学或电能推动装置，在飞船和推动燃料之间交换能量，而航天飞缆则通过切割地球磁力线或其他行星的磁力线得到电能。航天飞缆得到的能量来自行星的自转，只是行星的总体动能过于巨大，被飞船耗用的微弱动能可忽略不计。

长期以来，航天飞缆令太空爱好者着迷。齐奥尔科夫斯基曾幻想利用缆索系统作为太空电梯，将人们从地面送上轨道空间。科幻小说作家幻想用航天飞缆获得电能，作为宇宙飞船的动力。

二　不顺利的飞缆试验

现在，我们来看看，航天飞缆试验是怎样进行的。

美国的"阿特兰蒂斯"号航天飞机进入太空，它的货舱内携带一颗由美国和意大利合作研制的"绳系卫星1号"。当绳系卫星随航天飞机入轨后，已获得一定的环绕速度。航天员用卫星发送器将绳系卫星向上送出。这样，绳系卫星在高于航天飞机的轨道上飞行。卫星的离心力大于重力，所以，卫星沿着垂直线向上爬升，直到受缆索长度限制为止。

但是，飞缆试验出现了问题：释放飞缆的伸展机构绞盘发生了故障，它被一颗螺丝钉卡住了，飞缆只上升到157米高度就不再上升，缆索放不出去了，航天飞缆试

航天飞机释放绳系卫星

验无法继续进行。但是,已进行的飞缆试验还是产生了58伏、2毫安的电流。这个结果证明了航天飞缆可以用来发电。

1985年2月25日,美国的"哥伦比亚"号航天飞机又进行了一次航天飞缆试验。绳系卫星已经释放了出去,但是,当航天飞缆上升到19.7千米时,在航天飞机施放塔附近处飞缆断裂,绳系卫星带着一段航天飞缆失落在太空中。虽然试验以失败告终,但在航天飞缆断裂时,已经产生了3400伏、0.5安的电流。

航天飞缆试验虽然进行得不顺利,航天飞机的两次飞缆试验均未达到预期目标,但已经取得的结果可以证明航天飞缆发电是可行的。从1967年至1999年间,航天飞缆试验共进行了17次,飞缆系统试验已获得部分成功。

三　航天飞缆的应用

航天飞缆系统是由一根柔性导电的长缆连接两物体所构成的电动力学缆索系统,无须使用化学燃料或核燃料,不仅能发电,具有发电机作用,还能提供推力,起到推进器作用。所以,航天飞缆系统在航天飞行中得到应用。

航天飞缆系统可以组成太空中新型能源系统,成为航天飞行器的动力源。当宇宙飞船等航天器在没有阳光照射的空间飞行时,可以用航天飞缆系统得到的电能作为航天器动力源;当航天器在有阳光照射的空间飞行时,用太阳能电池板得到的电能作为航天器动力源,利用航天飞缆系统提供的推力来提升轨道高度。

在长距离航天任务中,例如探索木星及其卫星,航天飞缆可以大显身手,它可以使宇宙飞船削减所需要的燃料量,同时还可提供可靠的电源,因为木星

用航天飞缆得到电能

与地球一样,具有随自身共同旋转的磁化电离层。与地球不同的是,木星的电离层高度超出了其静止轨道,利用航天飞缆系统可以将木星的磁能转化成电能,成为航天飞行器的动力。所以,只要对航天飞缆系统进行适当控制,宇宙飞船只要携带少量燃料就可以完成对木星及其卫星的探测。宇宙飞船通过航天飞缆系统可以大幅降低对燃料和电能的需求,这样可以大幅削减航天探测的成本。

航天飞缆系统能够帮助清理危险的太空垃圾。目前,低地球轨道空间散布着数以千计的太空垃圾,其中大约有1500个质量超过100千克。利用航天飞缆系统可以把太空航天器残骸碎片清除出轨道,让它们在重新进入浓密的低层大气时烧毁。要是新发射的卫星拥有航天飞缆,在其使用寿命即将终结时打开航天飞缆系统,或者利用机器人操控器捕捉到太空残骸碎片,并将它们携带到一个轨道缆索系统上,便可以加速其重返大气层时的时间进程,让其烧毁。

四　太空磁动机

在世界上曾经有许多人想制造"永动机",但一个个都失败了。后来,人们知道"永动机"违反了能量守恒定律,不再进行"永动机"的制造了。但是,一些不甘心被能量守恒定律约束的人们打起了"磁能"的主意,出现了诸多的所谓"磁动机"设想。其中,"太空磁动机"最引人注目。

所谓"磁动机",是将太空中蕴藏的磁力能直接变为动力的机器。其实,人类早已在广泛地使用磁能了。发电机发电时离不开

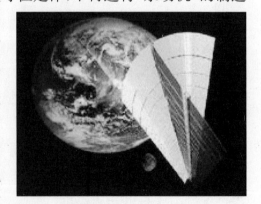

开发天体蕴藏的磁力能

磁场,即磁能,也就是说,发电机发出的电能实际就是由磁能转化而来的。只不过由于现有的发电机工作的同时,要产生一个阻碍发电机转

动的阻力磁能,因此发电机在发电时必须要由外来机械力带动,以克服发电时产生的阻力磁能所产生的阻碍力才能够发电。于是,人们习惯说电能是由机械能转化的。

太空中的磁力能来自星球,太空中的恒星、行星及一切具有磁场的天体都蕴藏有磁力能,"太空磁动机"和太空航天飞缆一样,是将天体蕴藏的磁力能转换为人类需要的动力。所以,"太空磁动机"不是"永动机",没有违反能量守恒定律。

第五节　地震能的祸与福

人类的家园地球多灾多难,地震便是其中的一种。地球上地震频繁,全球每年发生地震约 550 万次。

地震时,会释放出巨大的地震能。地震能给人类带来什么呢?

一　地震能闯的祸

2011 年 3 月 11 日 13 时 45 分,日本发生 9 级地震,震中位于宫城县以东太平洋海域,震源深度 10 千米,地震引发海啸,造成人员伤亡。

其后,日本东北部海域发生 7.1 级强烈余震。地震及其引发的海啸导致日本福岛第一核电站冷却系统失控,造成严重的放射性物质泄漏事故,给日本人民带来了巨大的经济损失和人员伤亡,遇难失踪人数超过 2.7 万人。

2004 年 12 月 26 日 8 时 58 分,印度尼西亚发生 9 级地震,继而引发了东南亚和南亚地区的大海啸,使周边地区遭受到严重损失,遇难失踪人数超过 22 万人。

这都是地震能闯的祸,地震能常常肆虐人类社会。

地震能是指地震发生时释放出来的能量,地震能绝大部分以机械能形式出现,使岩石破裂、建筑物倒塌、物体移位。地震产生的机械能还会转换为热能的形式存在于震源区,少部分地震能以地震波的形式向四周传播。

地震能目前还不能直接测量,一次地震究竟释放了多少地震能,采用目前的技术人们无法准确测量到。但是,地震波的能量是可以通过仪器测定的。一般来说,地震波的能量与地震的总能量的比例并不是一个常数。震级每差 0.1 级,能量的大小约差 1.414 倍;差 0.2 级,能量差 2 倍;依此类推。震级差 1.0 级时,能量约差 31.62 倍;震级相差 2.0 级时,能量正好相差 1000 倍。

二 地震能来自何处

地震在古代又称地动,是地球上经常发生的一种自然灾难。大地震动是地震最直观、最普遍的表现。要是地震发生在海底或滨海地区,能引起巨大的波浪,称为海啸。

地震时会释放出巨大的地震能。地震能从哪里来的呢?

要想知道地震能的来源,得从地震成因说起。地震类型不同,成因也不同。地震分为天然地震和人工地震两大类。根据地震的成因,可以分为以下几种:

一是构造地震。由于地壳运动,地壳在内、外应力作用下,集聚的构造应力突然释放出来,地下深处岩石破裂、错动,长期积累起来的能量急剧释放出来,以地震波的形式向四面八方传播出去,到达地面引起的山摇地动称为构造地震。根据板块构造学说,全球岩石圈划分成六大板块,板块与板块的交界处,是地壳活动比较活跃的地带,也是构造地震较为集中的地带。这类地震发生的次数最多,破坏力也最大,占全世界地震的 90% 以上。

二是火山地震。这是发生在火山地区的地震,是由于火山作用、岩浆活动、气体爆炸等引起的,这类地震只占全世界地震的7%左右。

三是塌陷地震。由于地下岩洞或矿井顶部塌陷而引起的地震称为塌陷地震。这类地震的规模比较小,次数也很少,发生在溶洞密布的石灰岩地区或大规模地下开采的矿区。

四是诱发地震。由于水库蓄水、油田注水等活动而引发的地震称为诱发地震。这类地震仅仅在某些特定的水库库区或油田地区发生。

五是人工地震。这是由人为活动引起的地震。例如,地下核爆炸、炸药爆破等人为引起的地面振动。在深井中进行高压注水以及大水库蓄水后增加了地壳的压力,有时也会诱发地震。

三 "不听话"的地震武器

地震释放的巨大地震能引起一些武器专家的"想入非非",他们想利用地震能制造地震武器。

地震武器的最初设想产生于20世纪60年代的苏联。当时,美、苏的核军备竞赛正进行得如火如荼。苏联军事专家在进行核爆试验时发现,在引发地下核爆几天之后,有时会在几百千米外发生地震。这一偶然的发现立即引起军方的注意。他们设想研制威力巨大的地震炸弹,它能够在地下爆炸,造成地震,从而达到毁灭美国的目的。

当时的苏联不仅想制造地震武器,而且付诸行动。1990年,苏联研制地震武器的"水星"计划进入试验阶段。苏联在阿塞拜疆地区地下深处设置了用于地震武器的核装置,构成了战略性地震武器系统的雏形。由于苏联解体,"水星"计划就此搁浅。苏联研制地震武器的动向刺激了西方军事大国的神经。1993年9月,美国在内华达实验场引爆了一个据称是"有史以来最大的非核爆炸装置",其爆炸威力相当于1000吨级核弹的当量,目的是为测试非核爆炸与核爆炸产生的地震效应有什么区别,也是为制造地震武器做准备。可以这样说,地震武器是在冷战的格局下,美、苏进行核军备竞赛产生的"私生子"。

地震武器是利用地下核爆炸,诱发地震、海啸等自然灾害,释放巨大地震能,伴之以地下核爆炸产生的定向声波和冲击波而形成的摧毁力,来起到杀伤及破坏作用。地震武器的特点是隐蔽性好,而且并不直接产生杀伤力,其破坏作用是通过其诱发的自然灾害而间接实现的,而且这种诱发性爆炸大多距受攻击点几百千米甚至几千千米。一颗10万吨级的地下核爆炸可诱发里氏6.1级地震,其破坏力实在令人不寒而栗。

但是,地震武器还只是设想,要真正用于实战,存在许多技术性难题有待解决。其中之一是地震武器"六亲不认"。地震武器很难深入敌国领土纵深进行,而在本国领土上进行,会不同程度地污染本国的生态环境,其结果将会对国民赖以生存的自然环境带来长期恶劣的影响。而且,地震武器引起的地震、海啸、火山喷发不仅给被攻击一方的国民经济与人民的生命财产带来巨大的损毁,也会波及采用地震武器的一方。另一个难题是地震武器所引发的地震需要一段时间,这使地震武器失去了打击的突然性,其战斗作用的发挥将受到时限的制约。

四　地震能的利用

地震时释放的巨大地震能能为人类所利用,为人类造福吗?

地震时释放的地震能中一部分是以地震波形式释放的。地震波与声波、光波、无线电波不同,它能够穿透地球内部。穿过地球岩石传播的地震波相当复杂,地震波携带着沿途的地质和构造变化的信息。所以,地震学家从地震仪记录的地震波图像中提取有关地震信息,知道地震级别,地震发生在什么地方,这为抗震救灾提供了有用的信息。

地震学专家通过测定地震波,可以预测火山喷发。地质勘探人员利用地震波途经各种不同构造的地下矿产资源时产生不同的特征,通过分析地表上接收到的信号,就可以对地下岩层的结构、深度、形态等作出推断,从而可以为以后的钻探工作提供准确的依据。

地球物理学家曾经设想,在准确地预测到地震将要到来的方向和

利用地震波进行勘探

强度之后,用地震武器爆炸所产生的冲击波来阻止或减缓大陆板块的碰撞,以此来阻止地震的发生或减轻地震的强度,从而避免即将到来的灾难。

也有人设想,在地震发生前,预先把蓄积在地壳中的地震能采集走,让地震因失去动力而不能发生,或减轻地震的强度。

当然,有关进行地震能的应用设想有科学幻想的成分,但是,进行地震能研究,促使地震能和平应用,应成为所有爱好和平者的共同目标。

五 岩浆能可以利用吗

火山爆发和地震都是两个板块发生碰撞、挤压,在其交接处的岩层出现变形、断裂,从而产生火山爆发或地震。火山喷发时,有地下熔融或部分熔融的岩石喷出。当岩浆喷出地表后,就成为熔岩。

岩浆拥有巨大热能,岩浆能可以利用吗?

2009年,美国一支科学家队伍在冰岛火山口附近钻探地热井时钻探到岩浆。于是,他们被迫停止钻探,放弃了地热能源实验计划。然

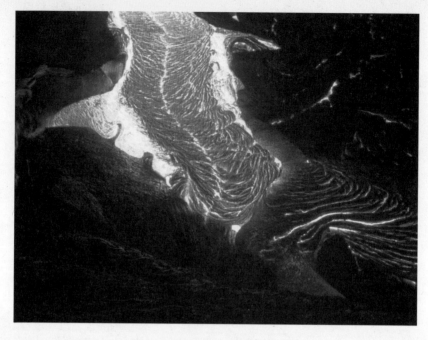

火山喷发产生的熔岩

而,这一事件启发了科学家进行岩浆能源的研究。他们在岩浆测试中发现,岩浆井所产生的 400℃ 的高温干蒸汽可以用来发电。同时,科学家们从高压下的岩体中获取的高温热水——"超临界"水也可以用来发电。

要是这种探索获得成功的话,可供人类选择的新能源又多了一种,这就是岩浆能。

第六节　重力能的新应用

　　在人们日常生活中,重力能是常常被人们所利用的。可以这样说,重力能是人类最早使用的一种自然能源。到了近代,由于矿物燃料能源的大量应用,重力能才渐渐淡出人们的视野。

　　随着世界上矿物燃料的短缺,能源危机的发生,重力能重新进入人们的视野,开发应用重力能又被人们所重视,出现了许多有关应用重力能的新发明、新设想。

一　认识重力能

　　人们常说,牛顿发现万有引力是受到苹果落地的启发。苹果之所以落地是重力作用,重力是由于地球的吸引而使物体受到的力,其方向总是竖直向下,而且指向地心的。地面上同一点处物体受到的重力的大小与物体的质量 m 成正比。当物体的质量 m 一定时,物体所受重力的大小与重力加速度 g 成正比。

　　重力大小可以用关系式 $G=mg$ 表示。

　　通常在地球表面附近,重力加速度 g 的值约为 9.8 牛/千克,表示质量是 1 千克的物体受到的重力是 9.8 牛,牛是力的单位,用字母 N 表示。

　　物体的各个部分都受重力的作用,各部分受到的重力作用都集中于一点,这个点就是重力的作用点,叫做物体的重心。重心的位置与物体的几何形状及质量分布有关。形状规则、质量分布均匀的物体,其重心在它的几何中心。

重力并不等于地球对物体的引力。由于地球本身的自转,除了两极,地面上其他地点的物体都随着地球一起围绕地轴做近似匀速圆周运动,这就需要有垂直指向地轴的向心力,这个向心力只能由地球对物体的引力来提供,因为物体的向心力是很小的,所以在一般情况下,可以近似地认为物体的重力大小等于万有引力的大小,即在一般情况下可以忽略地球自转运动的影响。

二 重力能汽车

机动车下坡时可以不踩油门,利用重力来牵引;自行车下坡时,骑车人可以不踩脚蹬,利用重力来滑行。要称一个物体的重量,就把这个物体放在秤盘上,利用秤盘因位置改变而释放的部分重力能作用于秤的指针上,从而得到物体的称重。

至于水力发电,表面上是开发水力能,实质是利用了河流中蕴藏的重力能。要是没有重力牵引,河水怎么会奔腾而下,怎能推动涡轮机发电?

重力做功是通过举升其对象来实现的。新重力做功理论认为,通过旋转的运动和举升其对象,同样可以达到如同直接举升重物的重力做功效果。因此,重力做功不但与始末位置有关,而且还与它们的角速度有关。重力做功与它的质量成正比,与高度差成正比,还与它的转速成正比。

重力能汽车实际是一种重力能源转换机。它是一种新能源汽车,由初始动力系统、重力能转换系统、蓄能器、新传动系统组成。它是借初始动力,如压缩空气、蓄能器提供的动力启动车辆行驶,然后利用重力能转换机把车辆的重力能进行转换,转换后的

发明家研制的重力能汽车

186

动力可推动车辆行驶,初始动力与重力能转换机交替工作,可达到让汽车长期行驶的目的。

重力能汽车的优点是不烧油、无污染、噪音低、节能,重力能可当做能源使用。重力能汽车已经申报了国家发明专利,还试制了重力能汽车的样车。重力能汽车能否成为人们出行的交通工具,让我们拭目以待!

三 重力能列车和重力自行车

重力能列车是一种利用列车下坡时释放的重力能,即列车的冲力,来提高能源的利用效率。重力能列车适用于在山坡上运行的火车,让列车下坡时的冲力能为上坡时所应用,其方法是在列车上增设储能设备。

重力能列车增设的储能设备有多种,一种是在重力能列车上增设风力发电机,利用列车下坡时产生的反向风力发电,将风力发电机发出的电力储存在高效蓄电池中,供列车上坡时使用。另一种是储能飞轮,让列车下坡时释放的重力能转化成储能飞轮的动能储存起来,还可以在列车上装备压缩空气发动机,利用列车下坡时产生的冲力压缩空气,用来发电或储存起来,供列车上坡时使用。当然,重力能列车上应该装备补充能源,如太阳能电池或燃料电池,作为能源补充。

有了这些动力装置,重力能列车可以在各种路段自如运行。它在下坡路段运行时利用重力惯性行驶,同时让列车上的各种储能设备工作,把列车下坡时释放的重力能变为电能、机械能储存。在上坡路段运行时,可以先利用重力能列车的惯性,继续上冲一段路程,待到列车乏力时,启动储能飞轮储存的动能行驶一段路程,接着可发动压缩空气发动机,利用储存的压缩空气使其工作,还可以利用高效蓄电池储存的来自风力发电机的电力,作为列车动力。要是还不够列车上坡路段行驶所需动力,则可动用列车上的备用能源太阳能电池或燃料电池,利用其储存的电能完成整个上坡路段的行驶。上述过程都是通过计算机自动完成,自行调配和控制。

还有人发明了一种重力自行车,取名为重力快速自行车,并申请了专利。它是一种装有重力推进器的自行车。

重力推进器是将重力转变为动能的重力能推进装置,其原理是将人体向下的重力转变为水平的推力,推动重力自行车前行,提高了机械效率,较普通自行车速度提高近一倍。重力自行车具有省力、舒适及健身功能,骑车人不易疲劳。

重力推进器也可以装配在各种车辆和发电机组上,装有重力推进器的车辆和发电机组就成了重力推进车辆和重力发电机。

重力自行车

四　身边的重力能应用

有人发明了提水机,这是一种使用重力能和浮力能的机械。它是利用连通器结构和介质水,在连通器中安装一个特殊结构的变形活塞,利用重力使变形活塞下沉复位;利用浮力使变形活塞上浮提水;再利用提水的水量下冲发电。

当提水机尺度超过一定限度,提水水量的发电量超过提水机运行所需要的电量,提水机可以将大自然中重力能和浮力能源源不断地提取出来。提水机输出的重力能和浮力能实质上是水力能。它不受气候影响,也不会影响人类生存环境,且能减少温室气体排放,是一种清洁能源。

城市交通路口设置有红绿灯装置,红灯亮了,机动车辆就要刹车,在停止线前停下来。有人设想,在停止线前的道路上,设置一些突出路面的弹性路垫,下方设有感应器。当机动车辆驶过那里或停在那里时,机动车辆的重力通过弹性路垫传给下方感应器,感应器中的转轮因受压而转动,只要不断有机动车辆通过,转轮就会不停地转动,就可以带动发电机发电。这种发电装置发出的电力是有限的,但是,可以为交通信号灯提供足够的电力。

在城市小区里,为限制机动车辆车速,在小区里的道路上每隔一段距离就要设置一段路障。要是把这些路障改成弹性路垫,在它下面也安装发电装置,发出的电力就可以用于小区照明。照明电来源于汽车的重力能,使原来白白浪费的汽车的重力能得到了利用。

下水道里污水从高处下落产生的重力能也可以利用,方法是在下水管里设置一个叶轮,污水从高处下落时,冲击叶轮转动,带动发电机发电,重力能就转变成电能。

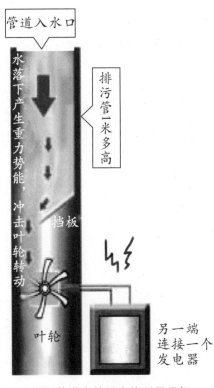

排污管道中的重力能利用设想

7

第七章
科学的低碳生活

开发新能源，可以减少对煤炭、石油等矿物燃料的依赖，是应对能源危机的好方法。开发新能源，可以减少煤炭、石油等高碳能源的消耗，减少温室气体的排放，使得经济发展与生态环境保护达到双赢。

科学的低碳生活也可以减少能源消耗，促进低碳技术、低碳经济的发展，使人类居住的城市成为低碳城市，使世界成为低碳世界，使人类社会成为和谐的低碳社会。可见，倡导科学的低碳生活意义非凡。

第一节　低碳经济与低碳生活

人类社会是随着能源利用技术的不断发展而进步的，要建设和谐世界，就要与自然界和谐相处。

为了与自然界和谐相处，人类社会就应该成为低碳社会，低碳社会才能持续发展。这就需要发展低碳技术、低碳经济，人类社会就应该选择低碳发展、低碳生活方式。只有这样，人类居住的城市才能成为低碳城市，人类生活的世界才能成为低碳世界，人类社会才会成为真正的低碳社会。

一　什么是低碳经济

低碳经济是指通过技术创新、制度创新、产业转型和新能源开发等多种手段，尽可能地减少煤炭、石油等高碳能源的消耗，减少温室气体的排放，达到经济社会发展与生态环境保护双赢的一种经济发展模式。低碳经济的实质是提高能源利用效率和创建清洁的能源结构。

发展低碳经济是一场涉及生产模式、生活方式、价值观念和国家权益的全球性革命。发展低碳经济是以减少温室气体排放为目标,温室气体排放量尽可能低,尤其是二氧化碳这一主要温室气体的排放量要有效控制,构筑以低能耗、低排放、低污染为基础的经济发展体系,包括低碳能源系统、低碳技术和低碳经济产业体系。

低碳能源系统是通过发展和应用新能源,包括风能、太阳能、核能、地热能和生物质能等替代能源,减少二氧化碳排放,以保护生态环境。

低碳技术范围广泛,它包括清洁煤技术和二氧化碳捕捉及储存技术等。清洁煤技术可以大幅减少煤炭在燃烧过程中的二氧化碳的排放量,减少对环境的污染;二氧化碳捕捉及储存技术可以把大气中已经存在的二氧化碳收集起来,进行储存。

低碳经济产业体系包括火电减排、发展新能源汽车、节能建筑、工业节能与减排、循环经济、资源回收、发展环保设备、节能材料等。发展低碳经济的目标是低碳高增长,降低能耗,降低成本,减少温室气体的排放。如今,发展低碳经济不只是政府部门的事,而是关系到每个企业、每个人。

在全球气候变暖的大背景下,发展低碳经济已成为我国政府部门决策者的共识。节能减排,促进低碳经济发展,既是整治全球气候变暖,又是践行科学发展观的重要手段。所以,在我国发展低碳经济受到各级政府的重视。我国已确定在五省八市开展低碳经济产业建设试点工作。

二 碳源和碳足迹

一个人开着汽车在马路上转一圈就留下了一个碳足迹。碳足迹就是指一个人的能源意识和行为对自然界产生的影响。碳足迹是用于测量机构或个人每日消耗能源而产生的二氧化碳排放对环境影响的指标。

低碳经济的起点是统计碳源和碳足迹。

碳源是空气中二氧化碳的来源。二氧化碳有三个重要的来源:第一,火力发电厂排放,火力发电厂是靠矿物燃料燃烧来发电的,这是最主要的碳源,火力发电厂排放的二氧化碳量占排放总量的41%;第二,汽车尾气排放,这个来源的二氧化碳量增长最快,占二氧化碳排放总量的25%,特别是在我国汽车销量开始超越美国的情况下,这个问题越来越严重;第三,建筑物排放,建筑物取暖、空调、家电使用产生的二氧化碳量占排放总量的27%,随着房屋数量的增加和生活质量的提高而稳定增加。

碳足迹来源于英语单词 Carbon Footprint,就是指个人或企业"碳耗用量"。其中"碳"就是石油、煤炭、木材等由碳元素构成的自然资源。对于生产制造企业来说,包括了采购、生产、仓储和运输,其中仓储和运输会产生大量的二氧化碳。

碳足迹标示一个人或者一个团体的"碳耗用量"。"碳"耗用得多,就是石油、煤炭、木材等由碳元素构成的自然资源消耗得多,导致地球变暖的"元凶"二氧化碳也制造得多,碳足迹就大,反之碳足迹就小。

一个人或一个团体的碳足迹可以分为第一碳足迹和第二碳足迹。第一碳足迹是指使用化石能源直接排放的二氧化碳,如经常开汽车出行,就会有较多的第一碳足迹,因为汽车会消耗大量汽油,排出大量的二氧化碳;第二碳足迹是指使用各种产品而间接排放的二氧化碳,现代人使用的每种消费品,在它的生产和运输过程中都会产生碳排放而带来第二碳足迹的增加。

个人和企业可以通过测量自己的碳足迹,了解碳排量,进而去控制和约束个人和企业的行为,以达到减少碳排量的目的。

三　碳排放计算器

　　怎样知道自己的"碳足迹"？怎么知道自己的"碳排量"呢？

　　计算"碳足迹"、测量"碳排量"有两种方法：一种是产品生命周期评估法；另一种是通过所使用的能源矿物燃料排放量计算。

　　以使用汽车为例，第一种方法从汽车的制造开始，包括制造汽车所用的金属、塑料、玻璃和其他材料，开车和处置车所用化石燃料的碳排放量。第二种方法只计算汽车制造、驾驶和处置车所用化石燃料的碳排放量。

　　对于普通人来说，你想知道自己的碳足迹，了解自己、家庭的二氧化碳排放量，可以通过碳足迹计算器，即碳排放计算器来估测。不同国家的碳排放计算器计算标准是不一样的。

简便的碳排放计算器

　　一些碳排放计算器不仅针对二氧化碳，还包括其他温室气体，如甲烷、臭氧、氧化亚氮、六氟化硫、氢氟碳化合物、氯气等。美国多数碳足迹计算就包括所有适用的气体，有助于人们认识和了解温室效应与地球气候变暖。

　　碳排放计算器会根据你的住房结构、能源消耗习惯、交通出行方式等计算出你的二氧化碳排放量，为你控制及减少碳排放提供简单易行的指导。

二氧化碳排放量是指在一年内家庭能源消耗、交通和废弃物处置的过程中排放到空气里的二氧化碳的量。碳排放计算相当复杂，不同的人会有不同的变数。现在网络上出现的碳排放计算器是根据英国及美国关于家庭能源消耗的研究数据而制定的。这些碳排放计算器不要求你提供消耗燃料或用电量的具体数据，它们能显示出不同的生活方式、住房结构的碳排放量，能提示你如何在日常生活中改变能源使用方式，选择适合自己又降低碳排放的生活方式。

四　碳足迹的抵消和补偿

知道了自己的碳足迹，了解了自己的碳排放量，就要对自己的碳足迹进行一定程度的抵消和补偿，即所谓"碳中和"。其含义就是，人们计算自己日常活动直接或间接制造的二氧化碳排放量，即碳足迹，然后通过植树方式，把这些碳排放量吸收掉。因为树木会吸收二氧化碳，进行光合作用，放出氧气，所以用植树来进行碳足迹的抵消和补偿。

按照一棵30年树龄的冷杉吸收111千克二氧化碳来计算，需要种几棵树来补偿你的碳排放量？如果你乘飞机旅行2000千米，那么你就排放了278千克的二氧化碳，为此你需要植三棵树来抵消；如果你用了100千瓦时电，那么你就排放了78.5千克二氧化碳，为此你需要植一棵树；如果你自驾车消耗了100升汽油，那么你就排放了270千克二氧化碳，为此你需要植三棵树来补偿。

如果不以种树补偿，则可以根据国际一般碳汇价格水平，每排放一吨二氧化碳，补偿10美元。用这部分钱，可以请别人去种树。在我国可以通过植树或其他吸收二氧化碳的行为，对自己曾经产生的碳足迹进行一定程度的抵消或补偿，也可委托国家认可的基金会来进行碳足迹的抵消和补偿。

当然，碳足迹抵消和补偿的最好办法是转变自己的生活方式，放弃各种"高碳"生活，过着"低碳"的生活，让自己在地球上留下的碳足迹尽量的少，也省去了碳足迹的抵消和补偿。

第二节　绿色低碳城

　　城市是现代人生活、居住的地方,现代城市环境污染使城市人生活质量下降。为了使人们生活得更美好,建设绿色低碳城,成了人们的必然选择。

　　什么是绿色低碳城?绿色低碳城是什么样子的?

一　古城故事多

　　"小城故事多,充满喜和乐,若是你到小城来,收获特别多,看似一幅画,听像一首歌……"这是歌曲《小城故事》里的歌词。

　　要是你到古城保定去做客,一定会被古城的故事所吸引,会情不自禁地这样唱起来。古城保定要打造"太阳能之城",使古城保定成为一座绿色低碳城。古城的绿色低碳城故事吸引了许多中外游客和海内外媒体的关注,他们纷纷踏访古城保定。

　　保定市区的主要街道上,几乎每一个路灯、交通信号灯的灯杆,都安装了太阳能电池板,路灯、交通信号灯所需的电能都来自太阳能。

　　古城众多的公园、广场的照明灯也正逐步被绿色节能光源所取代。在保定客运中心,安装太阳能电池板的照明灯在蓝天下更加醒目。保定正在广泛利用太阳能,建设"太阳能之城"。

　　在这座古城中有中国首座太阳能酒店。当太阳出来的时候,这个建筑上的玻璃幕墙以及顶部的太阳能电池板就会把太阳能转化成电能。而且,它发出的电力不仅供自己酒店用,还可以并入电网,供其他客户使用。

　　保定的居民生活小区里也广泛使用太阳能。在居民生活小区的告示栏里，用太阳能电池板发出的电力来照明；居民生活小区里的景观灯也是使用太阳能电池板发出的电力；居民小区的住户，家家都安装了太阳能热水器，利用太阳能得到生活用的热水。

　　按照保定市 2007 年启动的"太阳能之城"工程规划，保定市将全面推广太阳能在照明、热水供应、取暖等方面的综合应用，建设节能环保型城市，惠及所有市民。

太阳能路灯

　　2008 年，国家建设部已把保定市列入"低碳城市"试点。古城保定因为引入了崭新的低碳理念而悄然发生了变化。

　　古城故事多，古城故事都与低碳有关，低碳理念使古城生机盎然；低碳正在渗透到平民百姓生活、城市建设、经济发展等各个领域；低碳理念正在改变着人们的生活习惯，正在改变古城保定的面貌。保定建设"低碳城市"的做法备受世人关注，人们在世界范围内总结推广保定发展低碳产业的成功经验。

二　到贝丁顿社区瞧瞧

　　在 2010 年上海世博会期间，伦敦在上海建造了低碳的世外桃源，这是英国人在上海滩还原的伦敦贝丁顿"零能耗"生态村，称为"伦敦零碳馆"。它吸引了千千万万的参观者。

　　"伦敦零碳馆"是贝丁顿社区的样板，实际情况如何呢？

　　让我们到贝丁顿社区瞧瞧！

　　贝丁顿社区建成于 2002 年，它位于伦敦西南的萨顿镇，是由八座三层住宅楼、一个综合中心及绿地组成。这一社区是英国也是世界上第一个"零能耗"社区,居住于该社区的有99户居民。

贝丁顿社区之所以能成为"零能耗"社区,是因为该社区能源完全靠太阳能、降解垃圾产生的生物能、风能及地热能源联合驱动,集各类可再生能源应用于一身,摆脱了对煤、石油等化石能源和传统电网的依赖。

伦敦贝丁顿社区

在贝丁顿社区里,每户都装有智能电表,它位于厨房里的水平视线上。智能电表上有一颗红色小灯,是厨房的电量监测灯,红灯低频率地闪动,这表明他家消耗的是最低程度的电力。每当屋内有电器开动,红灯便会闪亮,灯闪得越快就表示用电量越多,提醒主人注意节约用电。居民每天出门前都要看一眼智能电表,看看它是否正常。

这些节能减排措施使得每个家庭日常性的水、电能耗减少了30%,而对于温室气体二氧化碳,他们更是在世界上首先实现了彻底的零排放。

虽然,每户住家都有自己的私家车,但是,人们上下班不开自己的车,而是乘坐社区里的电动汽车,准时转乘通往伦敦市中心的火车。这样,贝丁顿社区的住户每年要比一个普通英国家庭少开2300千米的私家车,从而减少50%的汽油消耗。

更让人羡慕的是贝丁顿社区的住户不是有地面花园,就是有空中花园,不仅可以种植花草,还可以种植瓜果蔬菜。早晨,人们在落地窗投进来的充沛阳光和充足氧气中醒来,悠然地看着空中温室中的花木沐浴着晨光,并享用由自家种植的无污染的瓜果蔬菜为主的早餐,享用这样的早餐,那是十分惬意的事情。

怪不得贝丁顿社区吸引眼球,每年吸引全球 15000 名访客前来参观,并且成为伦敦甚至全英国"低碳社区"宏大计划的先行者。

三 今天行动,守候将来

把城市建设成为绿色低碳城是许多现代大都市的理想,英国伦敦就想成为一座绿色低碳城,把伦敦这座曾经污染严重的大都市建成适宜现代人居住的宜居城市。

伦敦相对于世界上其他大都市的优势在于,伦敦市政府更早提出了"低碳"概念,并积极倡导低碳经济的运行。2007 年 2 月,伦敦市长肯·利文斯顿公开发表了伦敦减碳计划书——《今天行动,守候将来》。按照这个计划,到 2025 年,伦敦二氧化碳减排目标降至 1990 年的60%。这意味着在 2025 年前,城市二氧化碳排放量每年要减少 1960 万吨。当然,要达到这个减排目标,伦敦还有漫长的路要走。

2009 年 9 月,市长鲍里斯·约翰逊宣布,十个伦敦社区入选为"低碳区",每个"低碳区"可以一次性获得伦敦市政府奖励的至少 25 万英镑的"低碳基金",用于低碳区建设,但是,每个"低碳区"必须承担起在2012 年前实现减排 20.12% 的责任。这位伦敦市长身体力行,他出行骑自行车,倡导绿色交通。

伦敦市政府认为,转用低碳技术的成本,比处理已排放的二氧化碳所需要的成本低。节能及提高能源效率等措施,不会令原有的生活品质下降。相反,由于加强开发应对气候变化的技术,有助于伦敦发展成为环保技术的研发中心。

为了使伦敦市成为一座绿色低碳城,伦敦市制订了明确的低碳城市建设政策,涵盖了从民间到政府的各级组织,内容包罗万象。伦敦市政府首先帮助商业领域提高减少碳排放的意识,并给他们的改变措施提供相关的信息支持,鼓励所有企业在他们投资的初始阶段就要向低碳一体化过渡。同时,针对公共出行,伦敦市致力于降低地面交通运输的碳排放量。引进碳价格制度,根据二氧化碳排放水平,向进入市中心的车辆征收费用,并致力于使伦敦成为欧洲国家中电力汽车的"首都"。

伦敦市政府还以身作则,严格执行绿色政府采购政策,采用低碳技术和服务,改善市政府建筑物的能源效益。在2012年奥运会的场馆建设中,尽可能选择低能耗、经济成本可控的建筑材料和设备。为了改善现有的和新建建筑的能源效益,伦敦市政府推行"绿色家居计划",向伦敦市民提供家庭节能咨询服务,要求新发展的计划优先采用可再生能源。

对于城市的基础设施,伦敦市大力发展低碳的能源供应。在市内开发如贝丁顿社区使用的热电联产技术,并扩建风能和太阳能设备,代替部分由国家电网供应的电力,减少因长距离输电而导致的损耗。

伦敦市要建设成为绿色低碳城,对全世界大都市来说有非凡的意义,因为1952年12月,伦敦发生了震惊世界的"伦敦烟雾事件",导致4000多人因呼吸道疾病在几日内死亡。曾经发生过这么严重环境污染的大城市都要建设成为绿色低碳城,难道其他大城市还不能成为绿色低碳城吗?

科幻片中的绿色低碳城

你知道吗

低碳城

低碳城,即低碳城市,指以低碳经济为发展模式及方向、市民以低碳生活为理念和行为特征、政府公务管理层以低碳社会为建设标本和蓝图的城市。现在,低碳城市已成为世界各地的共同追求,许多国际大城市都以建设低碳城市为奋斗目标,让城市生活更美好。

第三节　绿色低碳建筑

对城市来说,建筑物碳排放是一个重要碳源。建筑物碳排放包括建筑物取暖、家电使用产生的二氧化碳,其量占城市碳排放总量的27%,随着房屋数量的增加而稳定地增加。

为此,绿色低碳建筑应运而生。

一　趣味生态房

生态房就是一种绿色低碳建筑。美国一所大学曾设计、建造了一种四居室的生态房。它的热能来源于风力发电机和太阳能电池,还来源于人体散热、阳光及使用家电设备时所散发的热量。

生态房的用水是从屋檐流下来经过处理的雨水;粪便和污水则流入一个堆肥坑里,经发酵后供花园施肥用。

美国有一家建筑公司,用回收的垃圾建筑房屋,墙壁是用回收的轮胎和铝合金废料建造的;屋架所用的大部分钢料是从建筑工地上回收来的;所用的板材为锯末和碎木料加上20%的聚乙烯制成;而旧报纸、纸板箱则成了屋面的主要原料,并作为墙面的绝缘体。

美国国立资源保护委员会总部就是用废旧回收物品的再生材料为主要材料建筑的绿色办公室。它的墙壁由麦秸秆压制并经过高科技加工而成的材料建成,地板由废玻璃制成,办公桌由废旧报纸与黄豆渣制成。另外,它还设有很大的窗户,这样办公室内非常明亮,从而可节约30%的照明用电。

日本也很早就开始进行生态房研究。1997 年，日本建成了一栋被称为"健康住宅"的实验型生态房。整个住宅尽可能选择对人体无害的建筑材料，墙体还被设计成双重结构。在每个房间建有通风口，整个房屋的空气系统采用全热交换器和除湿机进行循环。

"健康住宅"装备的全热交换器能够有效地回收人体散热、阳光及使用家电设备所产生的热量，并加以再次利用。全热交换器中的过滤器可有效地收集空气中细小的尘埃，从而能够抑制霉菌等过敏生物繁殖。

二　再生绿色建筑

2000 年世博会，日本馆是一座临时性纸质建筑，该馆长 72 米，宽 32 米，最高处达 15.5 米，面积 3600 平方米。会后其大部分材料可以回收利用。它以材料和结构的特性为主题，关注资源和环保问题。

这座临时性纸质建筑采用回收加工的纸建成拱筒形的结构，由 12.5 厘米粗的纸管网状交叉而成，弧形屋面和墙身材料也是织物和纸膜。白天，自然光经过半透明纸窗的过滤构成柔和、宜人的室内光环境；夜晚，纸窗又是神奇光影的"屏幕"。在世博会展馆里，自然光透过防水的织物和纸膜构成的屋顶照射到室内，形成一片富有日本风情的空间环境。

日本纸桥

2000年世博会日本馆反映了日本人普遍具有的生态与环境意识，这种纸品建筑物的意义不仅仅在于环保、节能，更重要的是为解决人类居住问题提供了一条快捷的途径，建造纸建筑要比木建筑、砖木建筑、水泥建筑方便得多。

用纸做结构材料不仅可以减小建筑物的重量，加快施工速度，降低成本，而且建筑物拆除后，纸可以重复利用，对节约资源、保护环境亦有好处。世界上目前已有一些用纸结构建造的临时性和半临时性的建筑。位于瑞士某地的纸塔是轻型建筑中一个有意义的例子，该纸塔外径为13米，高33米，1992年建成，已成为瑞士当地的标志性建筑物。整个塔所用的材料中纸板占79.26%，木材占20.22%，钢材占0.52%。这样的建筑为建筑使用可降解性材料开辟了一条"绿色"通道，因此，它们被人们誉为"绿色建筑"的典范。

三　"会呼吸"的建筑

上海世博园区内日本馆占地面积6000平方米，在上海世博园区所有国家馆中是属于体积庞大的一类，它如同一条巨大的卧蚕，阳光下通体呈现淡紫色，因此获得了"紫蚕岛"的中文名称。

日本馆如同一条紫色卧蚕

日本是比较重视环保的国家之一,日本馆的建筑设计也体现出环保意识。它的外墙所使用的太阳能电池能够使外墙自主产生能源,这是世界上首次采用发电膜技术。日本馆还有能够吸收阳光、存储雨水、吸取自然空气的循环呼吸柱,这项技术也是在全世界范围内的首次尝试。

更奇妙的是在日本馆弧形的表面上有三个凹进去的"鼻孔"和三个凸出来的"触角"。这些"触角"和"鼻孔"是循环呼吸柱的一部分,它们利用阳光、空气和雨水,最大限度地利用自然资源。

在日本馆内部地板下及其他各部位还设置了垂直的循环呼吸柱。它们可以汇集雨水,将汇集的雨水从屋顶洒落,使建筑整体降温。这些洒落的水能循环利用,譬如可以用来冲厕所。其次,通过这些循环呼吸柱可以将空气吸入馆内,并使地板下的冷空气上升,向馆内送风,以此来降低空调负荷。

日本馆使用发电膜技术和独创的循环呼吸柱,实现了建筑节能,将钢筋的使用量削减至普通建筑物的 60%,使日本馆成为一座名副其实的节能建筑。

第四节 新能源汽车

交通工具排放的二氧化碳是碳源的重要组成部分,其中主要是汽车尾气排放,其占二氧化碳排放总量的四分之一左右,是空气中二氧化碳的主要来源之一。为此,减少汽车尾气中二氧化碳的排放量,是节能减排的重要任务。

新能源汽车是个大家族,按照它的动力和结构形式有许多不同的分类,形形色色的新能源汽车在向我们驶来,越来越多的新能源汽车出现在汽车博览会、汽车展览会上。

新能源汽车究竟是什么样子的? 让我们好好瞧瞧!

新能源汽车

一 神奇的电动汽车

新能源汽车中最受人瞩目的是电动汽车,是指采用电力驱动的汽车,它没有尾气,不会排放温室气体。

电动汽车是新能源汽车大家族中的一员,它本身也有多种类型,大部分电动汽车直接采用电机驱动,把电动机装在发动机舱内,也有直接以车轮作为四台电动机的转子。

电动汽车由电力驱动及控制系统、驱动力传动等机械系统、工作装置等组成。其中电力驱动及控制系统是核心,它由驱动电动机、电源和电动机的调速控制装置等组成。电源为电动汽车的驱动电动机提供电能,电动机将电源的电能转化为机械能,通过传动装置或直接驱动车轮和工作装置。目前,电动汽车应用最广泛的电源是铅酸蓄电池。但是,铅酸蓄电池能量较低,充电速度较慢,寿命较短,更换电池又麻烦。

电动汽车最诱人的优点是不产生尾气,不会排放温室气体,不会污染环境,有利于节约能源和减少二氧化碳的排放量。而且,它使用的电力可以从多种一次能源中获得,如煤、核能、水力、风力、光、热等。同时,电动汽车技术相对简单成熟,只要有电力供应的地方都能够充电。电动汽车还可以充分利用晚间用电低谷时富余的电力充电,使发电设备日夜都能充分利用,大大提高其经济效益。

麻烦的是目前电动汽车使用的蓄电池单位重量储存的能量太少,

还因电动汽车的电池较贵，又没形成经济规模，故购买价格较高，使用成本要比普通汽车贵。

要普及电动汽车，就要解决电动汽车的电池性能及充电问题。解决充电问题有三种方式：一是充电站，而且充电站对车辆的服务必须能在短时间内完成；二是可以在城市小区和停车位普遍设立刷卡式充电桩；三是任意民用电插座，民用电插座还涉及电费计费问题及充电时间长的问题。只有电池及充电问题等得到妥善解决，电动汽车才能普及，才能进入千家万户。

二　新能源汽车"混血儿"

新能源汽车中有一个"混血儿"，它就是混合动力汽车，是指那些采用传统燃料的，同时又配以电动机和发动机来改善低速动力输出和燃油消耗的车型。

按照燃料种类的不同，混合动力汽车又可以分为汽油混合动力和柴油混合动力两种。目前，国内市场上混合动力车辆的主流都是汽油混合动力，而国际市场上柴油混合动力车型发展也很快。

混合动力汽车的优点是：发动机可以在油耗低、污染少的最优工况下工作，在内燃机功率不足时，由电池来补充；负荷少时，富余的功率可发电给电池充电。由于内燃机可持续工作，电池又可以不断进行充电，故混合动力汽车的行程可和普通汽车一样远。

在繁华的市区，混合动力汽车可关停内燃机，由电池单独驱动，实现零排放。有了内燃机，可以十分方便地解决耗能大的空调、取暖、除霜等纯电动汽车遇到的难题。由于有了电池，可以十分方便地回收制动时、下坡时、怠速时的能量。混合动力汽车可以利用现有的加油站加油，不必再投资。

混合动力汽车的电池可以保持在良好的工作状态，不发生过充、过放，这样可以延长其使用寿命，降低成本。

混合动力汽车的缺点是在发动机工作时，还是有二氧化碳的排放，但排放量相对减少，而且长距离高速行驶时基本不能省油。

三　异军突起的燃气汽车

石油资源的短缺,使人们的目光纷纷转向石油替代品,天然气成为石油替代品。现在,世界上有许多国家纷纷调整汽车燃料结构,寻找替代燃料。替代燃料的作用是减轻并最终消除由于石油供应紧张带来的各种压力以及对经济发展产生的负面影响。燃气汽车就是在这样的背景下出现的。

燃气汽车是指用压缩天然气、液化石油气和液化天然气作为燃料的汽车。按照燃料使用情况不同,燃气汽车可分为三种:第一种是专用燃料天然气汽车,其发动机只使用天然气作为燃料;第二种是两用燃料天然气汽车,既可以使用天然气也可以使用汽油作为燃料;第三种是双燃料天然气汽车,可以同时使用液体燃料和天然气。

由于燃气汽车排放性能好,可调整汽车燃料结构,运行成本低、技术成熟、安全可靠,所以被世界各国公认为当前最理想的替代燃料汽车。

燃气是世界汽车代用燃料的主流,在我国代用燃料汽车中占到90%左右。2010年,美国在公共汽车领域有7%的汽车使用天然气,50%的出租车和班车改为专用天然气。

近期,中国主要用压缩天然气、液化气、乙醇汽油作汽车的替代燃料。以燃气替代燃油将是中国乃至世界汽车发展的必然趋势。为了我国的能源安全,发展包括燃气汽车在内的各种代用燃料汽车,已是刻不容缓的事情。为了促进燃气汽车的发展,我国一些地区限制燃气价格,使油、气价格之间保持合理的差价,以保证燃气汽车适度发展。同时,对于加气站,一些地方政府适当给予一定补贴,并调节好利益分配,采取减免税收措施,对加气站用电的电价从优,千方百计地扶助燃气汽车和替代燃料汽车的发展。

四　通用 EN - V 概念车

2010年3月24日,上海世博会前夕,通用汽车与其合作伙伴上汽集团在上海举行了 EN‐Ⅴ 电动联网概念车的全球首发仪式。

通用 EN‐Ⅴ 概念车是注入了电气化技术和车联网技术的新概念车。除了采用电气化技术,即电力驱动,还引入车联网技术,通过整合全球定位系统导航技术、车对车交流技术、无线通信及远程感应技术,实现手动驾驶和自动驾驶的兼容。

EN‐Ⅴ 概念车是一种小巧、便捷且安全、环保的交通工具,同时,还能提供更多的娱乐与资讯信息,将网络拓展到移动的汽车上。它具有以下特点:

一是 EN‐Ⅴ 概念车的体积很小,质量很轻。世博会上,上海通用首发三辆 EN‐Ⅴ 双轮概念车,其造型十分小巧,车身仅长 1.5 米。而且重量比传统汽车轻很多,总重量为 0.4 吨,只是传统汽车的 1/4 至 1/3。它的最高时速是 40 千米,充一次电的行程是 40 千米,可以满足绝大多数城市驾驶者的日常行驶需求。

二是真正实现零排放,EN‐Ⅴ 概念车的马达完全是由锂电池电力驱动的,完美实现零排放。两侧的车轮分别由各自的电动马达驱动控制,还可以实现原地调头等操作。

三是在自动驾驶模式下,EN‐Ⅴ 概念车能够通过对实时交通信息的分析,自动选择路况最佳的行驶路线,远离交通阻塞。通过使用车载传感器和摄像系统,EN‐Ⅴ 概念车可以感知周围环境,遇到障碍物时主动避让并减速,避免碰撞,实现零交通事故。

驾乘 EN‐Ⅴ 概念车既时尚又充满乐趣。车载定位系统和传感器能自动感知周围的环境,并对突发的交通状况迅速作出反应,还能够实现自动驾驶。车载卫星定位系统让车主能轻松、精确地了解到车子的当前位置。

在路上行驶时,利用无线通信技术,EN‐Ⅴ 概念车可以使驾驶者在途中解放双手,上网和朋友进行实时沟通,形成一个在路途中的社交无线网络,让驾乘充满乐趣。

五　令人眼花缭乱的新能源汽车

新能源汽车类型很多，让人眼花缭乱。

空气动力汽车是一种利用空气作为能量载体的新能源汽车，它使用空气压缩机将空气压缩，然后储存在储气罐中。需要开动汽车时将压缩空气释放出来驱动马达行驶。空气动力汽车的优点是无温室气体排放，动力装置简单，维护保养少；缺点是需要电源，所储存的空气压力随着行驶里程加长而衰减，而且高压气体的储存存在安全隐患。

飞轮储能汽车是一种装有飞轮惯性储能装置的新能源汽车，可装在混合动力汽车上，作为辅助动力。它的飞轮惯性储能装置可以储存非满负载时发动机的多余能量，也可以储存车辆在下坡、减速行驶时的能量，让一个发电机发电，进而驱动或加速飞轮旋转。飞轮储能汽车的优点是由于使用了重量轻、储能高的储能装置，可提高能源使用效率，而且，储能装置简单，维护保养少；缺点是成本高，车辆转向时会受飞轮陀螺效应的影响。

超级电容汽车是一种装有超级电容器的新能源汽车，在超级电容器的两极板上电荷产生的电场作用下，在电解液与电极间的界面上形成相反的电荷。这种正电荷与负电荷在两个不同相之间的接触面上，以正负电荷之间极短间隙排列在相反的位置上，这个电荷分布层叫做双电层，因此电容量非常大。超级电容汽车的优点是充电时间短、功率密度大、容量大、使用寿命长、免维护、经济环保等；缺点是功率输出随着行驶里程加长而衰减，受环境温度影响大等。

燃料电池汽车是指以氢气、甲醇等为燃料，通过化学反应产生电流，依靠电机驱动的汽车。其电池的能量是通过氢气和氧气的化学作用，而不是经过燃烧直接变成电能的。燃料电池的化学反应过程不会产生有害物质，因此燃料电池车辆是无污染汽车。燃料电池的能量转换效率比内燃机要高 2～3 倍，因此在能源的利用和环境保护方面，燃料电池汽车是一种理想的车辆。燃料电池汽车的优点是实现了温室气体的零排放或近似零排放，同时提高了发动机燃烧效率和燃油经济性，而且运行平稳、无噪声,减少了机油泄漏带来的水污染。

　　生物乙醇汽车又称酒精汽车,是用乙醇为燃料的汽车。乙醇可以和汽油掺和使用,也可以单纯燃烧乙醇或变性乙醇(即加入变性剂的乙醇)。汽车上使用乙醇可以增加氧含量,使汽缸内燃烧更完全,可以减少尾气中有害物质的排放。现在世界上有 40 多个国家在不同程度上使用乙醇汽车。

展览会上的新能源汽车

你知道吗

新能源汽车

　　新能源汽车,又称非常规能源汽车,就是为了不产生或减少汽车尾气,实现节能减排任务而诞生的新概念汽车。新能源汽车已经问世,世界各国的汽车制造商在竞相发展新能源汽车,新能源汽车是当今世界汽车发展的潮流。

第五节　低碳生活面面观

一　什么是低碳生活

低碳生活其实是一种态度,是一种生活方式,一旦养成后,生活品质并没有降低,反而增加了绿色、健康的内涵。低碳生活是一种健康的生活方式,低碳行动要从我做起,从现在做起,从身边点滴事做起。

让我们从一次在上海的一家五星级酒店召开的国际会议说起,这是一个由世界自然基金会和上海市节能监察中心联合主办的论坛,主题是"低碳企业创新与发展"。这次会议有许多特点:一是会议主办方不提供纸、笔及席卡、胸卡;二是会议参加者带走未喝完的瓶装水;三是将多余的会议资料退至签到处;四是会议参加者不乘电梯,改为爬楼梯。

论坛主持人告诉数百名与会者:坐而论道不如身体力行。一场普通的会议,实际上包含有许多碳排放以及降低碳排放的潜力。许多会议参加者发现不多的几页会议资料都是双面复印的。其中一页纸上专门罗列了一些有关碳排放的参考数据:消耗一张 A4 纸,会产生 12.67 克的碳排放;消耗一瓶 600 毫升饮用水,碳排放为 101.3 克;运输工具消耗一升汽油,碳排放高达 4.8 千克;厨房消耗 1 立方米天然气,碳排放也高达 3.12 千克。会议组织者希望通过这些细小提示,普及低碳理念,并为与会者在工作和生活中践行低碳理念提供一些借鉴和帮助。

为了开一个低碳的会议,会议组织者向相关服务方提出了降低照明强度、取消饮水玻璃杯等低碳建议。开始,酒店方面认为,五星级酒店就应该灯火辉煌,饮水玻璃杯等会议配备也不能缺。经过几次沟通后,低碳的理念很快就被这家五星级酒店接受了,也被绝大多数与会代表接受,他们放弃开私家车,选乘地铁等公共交通工具参加会议。

这次国际会议告诉与会代表,什么是低碳生活,低碳生活不能只停留在口头上,要付诸行动。低碳行动要从我做起,从现在做起,从身边点滴事做起。

二 好一个"低碳世博"

上海世博会也是一个"低碳世博",将碳排放量降到最低。上海世博会碳排放主要包括两大方面:世博园区建设、运营以及临时场馆拆除过程产生的碳排放;世博的游客、参展商、组委会由于旅行、食宿等产生的碳排放。此外,还有世博相关活动也会产生碳排放。

根据类似大型国际活动的经验,参观者的出行,尤其是飞机飞行是碳排放最主要的来源。现在世界上越来越多的重大活动都将环保作为其成功举行的目标之一,历经 150 多年历史的世博会自然也是这样。上海举办 2010 年世博会,规模大、持续时间长、参观人数多,"低碳世博"是考验 2010 年世博会成功举办的一个重要指标。

为了践行"低碳世博",上海在世博园区选址、规划、设计、建设、运营等全过程贯彻低碳理念,从源头上减少碳排放。同时,上海也积极落实"碳补偿"措施,尽可能抵消世博会的额外碳排放。在世博园区筹备、规划、设计、建设期间,上海世博会专设城市最佳实践区,汇聚展示全球先进的城市低碳发展理念及实践案例,同时还推出"网上世博会"。参展方也纷纷通过场馆设计建设、布展以及相关活动展示"绿色"、"低碳"。

为了降低上海世博会举办期间的碳排放,世博园区内公共交通实现了零排放,而且园区周边也实现了低排放。在世博会召开期间,上海拥有超过 420 千米的轨道交通网络和更加完善的巴士交通网络,对于高污染车辆则限制其运行范围,同时投运了超过 1000 辆新能源汽车。

为动员全社会民众以行动实践"低碳世博"理念，上海世博会正式发布了"绿色出行"碳计算器及交通卡。

"绿色出行"碳计算器及交通卡

上海世博会针对世博会的参观者发布了《中国 2010 年上海世博会绿色指南》，积极鼓励个人、企业以及有关机构购买碳减排指标。对于乘坐国际航班或国内航班前往参观的人，建议购买碳信用额度，抵偿由此产生的碳排放。同时，上海市环保部门呼吁，希望上海世博会的参观者尽量选择绿色、低碳的出行方式，并在力所能及的范围内，尽可能积极抵消因世博出行而造成的碳排放。

三　低碳生活戒律

你要想过低碳生活，就得立下一些清规戒律，而且要在自己的生活中付诸实施，成为自觉的生活方式。

戒律之一是戒除"便利消费"。便利是现代商业营销和消费生活中流行的价值观。不少便利消费方式在人们不经意中浪费着巨大的能源，还增加了二氧化碳的排放量。

超市中敞开式冷柜电耗比玻璃门冰柜高出 20％。一家中型超市敞开式冷柜一年多耗约 4.8 万千瓦时电，相当于多耗约 19 吨标煤，多排放约 48 吨二氧化碳。一些大中城市，超市、便利店成百上千家，要是普遍采用玻璃门冰柜，顾客购物时只需举手之劳，就可以节约大量电力，相当于节省标煤，减少二氧化碳的排放量。

戒律之二是戒除一次性用品的消费嗜好。无节制地使用塑料袋，是多年来人们盛行便利消费最典型的嗜好之一。虽然有关部门实施"限塑令"，但是喜欢使用塑料袋的这种嗜好还是没有得到改变。其原因是公众理解"限塑"意义只局限于遏制"白色污染"，其实，"限塑"的意义还在于节约石油资源、减少排放二氧化碳。

据科技部《全民节能减排手册》计算，全国减少使用 10％ 的塑料袋，可节省生产塑料袋的能耗约 1.2 万吨标煤，减排 31 万吨二氧化碳。由此可见，限塑就是节油、节能；改变使用一次性用品的消费嗜好就是为了减少碳排放，应对气候变暖。

戒律之三是戒除"炫耀型消费"嗜好。提倡低碳生活方式，并不是一概反对享受电气化产品，反对小汽车进入家庭，而是要提倡有节制地使用。在我国汽车市场，高档大排量进口车、大排量的多功能机动车急剧增加的一个重要原因是"炫耀型消费"嗜好在作怪。人们无节制地使用私家车也成了炫耀型消费生活的嗜好。

由于人们将"现代化生活方式"的含义片面理解为"更多地享受电气化、自动化提供的便利"，导致了日常生活越来越依赖于高能耗的动力技术系统，往往几百米的短程也要靠机动车代步；几层楼的阶梯也要乘电梯。而城市中一些减肥群体又嗜好在耗费电力的人工环境如空调健身房、电动跑步机等进行瘦身活动，其环境代价是增排温室气体。

戒律之四是戒除"不良饮食"，提倡低碳饮食。所谓低碳饮食，就是低碳水化合物，要注重限制碳水化合物的消耗量，增加蛋白质和脂肪的摄入量。低碳饮食可以控制人体血糖的剧烈变化，从而提高人体的抗氧化能力，抑制自由基的产生，此外还有强健体魄、预防疾病、减缓衰老等益处。

古城保定的不少居民为了给建设低碳城市作贡献，有吸烟习惯的戒了烟，有爱打扮的少买了衣服。他们立下一些清规戒律，而且要在自己生活中付诸实施，成为自觉的生活方式。因为他们知道，少买一件衣服、少浪费一些饭菜、多吃些素食，都可以减少二氧化碳的排放。

四 低碳生活也时尚

有人认为，过低碳生活有那么多清规戒律，就不能享受现代化生活，就不能开车、住大房子、享受空调了。其实并非如此，低碳生活其实是一种态度，是一种生活方式，一旦养成后，生活品质并没有降低，反而增加了绿色、健康的内涵。

低碳生活也可以过得很时尚，让我们到正在建设低碳城市的古城保定去走走，看看那里的人们是怎样过低碳生活的。

一位"有车族"，平时开私家车上下班，她在网上通过"碳排放计算器"算了一下自己家的碳排放量，她家是一个拥有 100 平方米的住房、一辆轿车的三口之家，一年的碳排放近百吨。"一算吓了一大跳。"从此，她开始了低碳尝试，每周少开一天车，改乘公交车；午休时关掉电脑；晚饭后少看电视；晚上用低瓦数的护眼灯看书；洗澡时注意节约用水。这样的低碳尝试，没有降低她的生活品质，反而有益于身体健康，又节约了开支。这位"有车族"准备把她的低碳尝试坚持下去，养成习惯。

另一位接受了低碳理念的"上班族"，在上班走出家门前，总会到家里各个房间走一圈，把各个房间的电器开关插头拔掉，成为一个"爱拔插头的人"。

为什么要把开关插头拔掉呢？

这个"爱拔插头的人"说，他从媒体上了解到，由于电器关机没拔插头，全国每年待机浪费的电量相当于 3 个大亚湾核电站的年发电量。他从此养成离家之前拔掉电器插头的习惯。

保定市还专门印制了《低碳城市家庭行为手册》，告诉市民生活中应注意什么，怎样减少碳排放。比如，鼓励市民乘坐公共交通工具出行或以步代车；引导采用节能的家庭照明方式、科学合理使用家用电器等。保定市通过这种方式，让每个居民知道，只要用心，生活中处处都可以环保。节约就是一种环保，也是减少碳排放必不可少的行为。

低碳生活漫画之"省"

节约用水

过时尚低碳生活，要加入"低碳一族"，要从点滴做起。乘公交车出行，爱拔插头，少买一件衣服，少浪费一些饭菜，少用一个塑料袋，都可以减少碳排放，都在为低碳作贡献。

美国有社会学家提出了"乐活"概念。所谓"乐活"，是指一种健康可持续性的生活方式。美国社会也出现了"乐活族"人群，这群人通过消费和衣食住行的生活实践，希望自己心情愉悦、身体健康、光彩照人。由于"乐活族"的生活方式也既简单又时尚，已经迅速席卷全球，"乐活族"正在迅速壮大，他们倡导的低碳生活方式也被越来越多的人所接受。

五　你低碳了吗

保定全面开展低碳教育，而且从娃娃抓起。下课铃一响，班级里的小"开关管理员"马上关上教室的电灯开关。学校里学生吃饭不剩饭，

216

争当"节约小标兵";有"变废为宝"小制作,培养"校园小巧手"。"今天你低碳了吗?"成为孩子们挂在嘴边的话。

"今天你低碳了吗?"应该成为每个人约束自己的生活准则。过低碳生活,就要主动减少碳排放,其实方法很多。

使用节能灯泡,11瓦节能灯就相当于约80瓦白炽灯的照明度,使用寿命更比白炽灯长6到8倍,不仅大大减少用电量,还节约了更多资源,省钱又环保。使用节能灯,它比白炽灯至少节电66%。

随手关闭电器电源,无论在办公室或家里,电脑、电视机等电器设备,不使用时关闭电源,这比待机状态更省电。

控制好空调温度,空调的温度夏天设在26℃左右,冬天设在18~20℃对人体健康比较有利,同时还可大大节约能源。

购买那些只含有少量或者不含氟利昂的绿色环保冰箱,选择"能效标志"的冰箱、空调和洗衣机,能效高,省电加省钱。丢弃旧冰箱时打电话请厂商协助清理氟利昂。

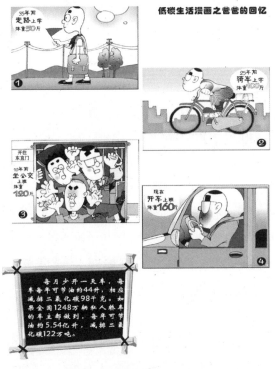

低碳出行

"有车族"出行,选择公交车,减少使用小轿车和摩托车,还可以选择拼车,实行汽车共享,和朋友、同事、邻居同乘,既减少交通流量,又节省汽油,减少污染,减少碳足迹。在购买汽车时,选择小排量或混合动力机动车,减少二氧化碳排放量。

外出旅行除了拍照,什么都不带走,除了足迹,什么都不留下。

提倡低碳饮食,减少以多耗能源、多排温室气体为代价生产的畜禽肉类、油脂等高热量食物的消费,限制碳水化合物的消耗量,增加蛋白质和脂肪的摄入量。低碳饮食不仅可以减少碳排放,还可以控制人体血糖的剧烈变化,从而提高人体的抗氧化能力,强健体魄,预防疾病,减缓衰老,减少肥胖发病率。

尽量选择有机食品,有机食品在生产加工过程中不使用化肥、农药和添加剂,也不采用基因技术。尽量购买本地食品,如今不少食品通过航班进出口,选择本地产品,免去空运环节,更为绿色。

节约用水,淋浴代替盆浴并控制洗浴时间。如果用淋浴代替盆浴,每人每次可节水 170 升,同时减少等量的污水排放,可节能 3.1 千克标准煤,相应减排二氧化碳 8.1 千克。

使用感应水龙头可比手动水龙头节水 30% 左右,每户每年可因此节能 9.6 千克标准煤,相应减排二氧化碳 24.8 千克。自来水龙头和马桶的流量关小,尽量一水多用,例如,洗菜水刷碗、洗衣水拖地板等。

关紧水龙头,避免家庭用水跑、冒、滴、漏。一个没关紧的水龙头,在一个月内就能漏掉约 2 吨水,一年就漏掉 24 吨水,同时产生等量的污水排放。

给电热水器包裹隔热材料,这样每台电热水器每年可节电约 96 千瓦时,相应减少二氧化碳排放 92.5 千克。在家里安装一个"节能宝",这个装置可以把废水的热能通过热交换吸收到自来水里,把自来水加热到 28℃ 左右!然后再通过简单的加热,进行循环使用,使废水的热能得到利用。

这些都是点滴小事,却是低碳生活的重要组成部分,做好了身边的点滴小事,你也就在为建设低碳城市作出了贡献!

结尾的话

　　当今社会,新能源正在被人们所认识,为人类社会所接受。新能源不再是一个新名词、新概念,新能源开发和应用的浪潮汹涌磅礴,势不可挡。

　　新能源开发不仅影响能源结构,也影响到一座城市、一个地区、一个国家乃至整个人类社会的经济结构和经济发展模式。开发新能源,可以减少煤炭、石油等矿物燃料消耗,减少温室气体的排放,使得一个地区和一个国家的经济走上可持续发展道路;开发新能源,可以促进低碳技术、低碳经济的发展,改变一个地区和一个国家的经济发展模式。

　　新能源正向我们走来,正在人类社会中得到应用。应用新能源,将改变我们的生活方式,改变我们的衣食住行和人类生活的方方面面,出现科学的低碳生活。应用新能源,还将改变人类的生活环境和地球家园的生态环境。新能源的应用,使城市变得干净、整洁,使乡村缭绕着鸟语花香,城乡天空变得更蓝,河水变得更清,城乡人民生活更美好。

　　新能源的推广和应用,将使人类居住的城市成为低碳城市,使世界成为低碳世界,使人类社会成为和谐的低碳社会。新能源的开发和应用,可以减少矿物燃料消耗,减少对矿物燃料的依赖,减少对矿物燃料资源的掠夺性开发,使人类可以与自然界和谐相处。同时,新能源的开发和应用,也可以减少人类社会因争夺石油等矿物燃料资源而爆发的战争和冲突,使人类社会变得和谐,社会变得安宁。

　　当然,新能源的开发和推广、应用不会一帆风顺,也不是一蹴而就的，而是一个艰难而漫长的过程，有许多技术问题需要解决，许多技术瓶颈有待突破。

新能源是具有多种形式的、可以相互转换的能量的源泉，是自然界中能为人类提供某种形式能量的物质资源。新能源的种类很多，不同种类的新能源现状和发展前景也各不相同，总体来说，新能源的开发、应用向着下面几个方向发展：

一是煤炭、石油等矿物燃料能源一统天下的局面将被改变，新能源替代矿物燃料能源、可再生能源替代不可再生能源是发展趋势，其过程可能是曲折而漫长的，但其大趋势是不可能改变和逆转的，也不以人的意志为转移。煤炭、石油、天然气不只作为能源，而是成为一种资源得到科学、合理的开发和利用，它们将为人类社会作出更大贡献。

二是新能源的开发和应用将出现多元化、多样化。新能源实际是一种替代能源，是指能替代煤炭、石油等矿物燃料的非常规能源，范围很广，种类很多，如核能、太阳能、风能、生物质能、地热能、海洋能、氢能、人力能等非常规、可再生能源。从能源可持续发展的角度来看，开发可再生能源是新能源开发的重点；从能源对生态环境影响的角度来看，开发绿色能源是新能源的开发方向。从这两方面考虑，太阳能、风能、海洋能既是可再生能源，又是绿色能源，应该得到重点发展。

三是太阳能开发和应用将成为新能源发展的重点。太阳能热发电站最早是在以色列进行研究开发的。20世纪70年代，以色列在死海沿岸先后建造了3座太阳能热发电站，以提供全国1/3的用电需求。太阳能发电形式多样，有槽式、塔式和盘式太阳能热发电等。就几种形式的太阳热发电系统相比较而言，塔式热发电系统的成熟度目前不如抛物面槽式热发电系统，而配以斯特林发电机的抛物面盘式热发电系统虽然有比较优良的性能指标，但目前主要还是用于边远地区的小型独立供电。美国政府的太阳能热电发展计划，包括塔式、槽式和盘式三种热发电技术，目的在于满足不同层次的应用需求。我国太阳能热发电技术的研究开发工作始于20世纪70年代末，但工艺、材料、部件及相关技术与国外差距较大。近年来，我国加快太阳能技术的引进研制，以填补国内技术空白。

四是核能不会被淘汰，不会退出能源舞台。核能利用主要是指利用核反应堆中链式核裂变反应所释放的能量来发电。尽管日本福岛第一核电站的核泄漏事故给日本人民带来重大损失，也为核能利用和世界各地核电站建设蒙上阴影，但是，核能作为一种新能源不可能被除名，核电站不可能被淘汰，只是在核电站建设中，核安全被提到更重要位置。核能要开发利用，核电站要发展，不仅要发展核裂变反应堆，还要发展核聚变反应堆。从核电发展的总趋势来看，我国核电发展的技术路线和战略路线早已明确并正在执行，当前发展压水堆，中期发展快中子堆，远期发展聚变堆。具体地说就是，近期发展热中子反应堆核电站，中期发展快中子增殖反应堆核电站，远期发展聚变堆核电站，从而基本上"一劳永逸"地解决能源需求的矛盾。

五是作为第五种新能源的节能将大行其道。节能是除石油、煤炭、水能、核能四种主要能源以外的"第五种能源"。节能范围广泛，有工业生产节能、建筑节能、生活节能等。为了开发、利用"第五种能源"，需要发展节能技术、节能设备，新一代节能产品将层出不穷。开发、利用"第五种能源"不只是科研单位、生产部门的事，它与千家万户息息相关，需要每个家庭、每个人参与，节能，人人有责。

看清新能源发展方向，顺应新能源趋势，才能减少煤炭、石油等高碳能源消耗，减少温室气体排放，使得经济发展与生态环境保护达到双赢。科学的低碳生活也可以减少能源消耗，倡导科学的低碳生活方式，可以促进低碳技术、低碳经济的发展，使人类居住的城市成为低碳城市，使世界成为低碳世界，使人类社会成为和谐的低碳社会。

新能源已经出现在我们面前，新能源正在走近我们，正在走进千家万户，让我们伸出双手迎接新能源时代的到来！

图书在版编目（CIP）数据

话说新能源 / 翁史烈主编. —南宁：广西教育出
版社，2013.10（2018.1 重印）
（新能源在召唤丛书）
ISBN 978-7-5435-7585-1

Ⅰ. ①话… Ⅱ. ①翁… Ⅲ. ①新能源－青年读物②新
能源－少年读物　Ⅳ. ① TK01-49

中国版本图书馆 CIP 数据核字（2013）第 288701 号

出 版 人：石立民
出版发行：广西教育出版社
地　　址：广西南宁市鲤湾路 8 号　　邮政编码：530022
电　　话：0771-5865797
本社网址：http://www.gxeph.com
电子邮箱：gxeph@vip.163.com
印　　刷：广西大华印刷有限公司
开　　本：787mm × 1092mm　1/16
印　　张：15
字　　数：206 千字
版　　次：2013 年 10 月第 1 版
印　　次：2018 年 1 月第 7 次印刷
书　　号：ISBN 978-7-5435-7585-1
定　　价：48.00 元
如发现印装质量问题，影响阅读，请与出版社联系调换。